기초전자실험

Basic Electronic Experiments

기초전자실험

현 덕 환 지음

KSI 한국학술정보(주)

머리말

우리는 다양한 방법으로 지식을 축적해 나간다. 학교에서 교재를 읽고, 교수님의 강의를 듣고, 칠판의 필기 내용을 보기도 하며 또는 어떤 문제에 대하여 토론을 하기도 한다. 그중 어떤 방법보다 실제 자신의 경험을 통하여 얻는 지식은 산지식이 되며 다양한 방법으로 실생활에 활용된다. 본 교과서의 실험 내용들은 전기, 전자, 통신 혹은 컴퓨터 분야를 전공하는 학생들이 기초 과목으로 이수하는 회로이론, 전자회로 등의 과목에서 배우는 기초 이론들을 실험을 통하여 확인하는 과정이다. 정보기술이 사회를 유지하고 발전시키는 중요한 요소가 된 현실에 비추어 볼 때 이론 교과서를 통하여 머리로 이해한 지식들은 손으로 실현 가능하고 측정 가능하여야 산지식이 된다. 본 실험 과정은 교과 과정을 통하여 배운 이론을 실험을 통하여 확인함과 동시에 측정 장비 사용 방법의 숙지, 실험 결과의 해석, 실험 환경조성, 이론치와 실험치의 차이를 발생시키는 실제적인 문제에 대하여 경험하고 이해하도록 하는 기회를 제공하게 될 것이다.

실험을 시작하기 전 실험의 목표와 실험 내용의 이론적인 배경 그리고 실험 과정을 충분히 이해하고 실험에 임하도록 하여야 한다. 대부분의 실험 내용은 충분한 사전 준비가 선행되면 단시간에 끝낼 수 있다. 그러나 실제로는 보통 많은 시간을 실험에 소모하게 되며 실험 후에도 결과 해석과 오차 원인 분석이 올바르게 이루어지지 않는 경우가 많다. 실험 전 실험 내용에 대한 사전 이해와 준비가 절대적으로 필요한 이유이다.

이 책은 1학년 기초 회로이론을 공부한 학생이 2학년 초에 수강할 수 있도록 하였다. 다이오드, 연산증폭기 등은 전자회로 수업 내용과 병행하여 실험이 가능할 것으로 생각하였다. 끝으로 이 책을 통하여 기본 회로 구성과 측정 장비 사용이 손에 익숙해지기를 바란다. 또 측정 시 발생할 수 있는 다양한 문제들과 오차에 대한 이해도 증대되기를 바란다.

미비한 내용에 대하여 지적을 부탁하며 추후 더 나은 책이 되도록 도움을 바랍니다.

저자 씀

차 례

Part I
실험 실습의 기초

1-1. 실험, 실습의 목적

사전적인 의미의 실험이란 실제로 사물의 성질이나 능력을 경험하여 보는 것을 뜻하거나 자연현상에서 어떠한 법칙이나 효과를 찾아내기 위하여 알맞은 조건 밑에서 변화를 주고 관찰하며 시험하는 행위를 말한다. 기초전자 실험 과목에서 하려는 실험은 물론 전자의 경우이다. 이 시간을 통하여 우리가 하려는 것은 새로운 이론을 정립하거나 증명하려는 것이 아니다. 전기, 전자 혹은 통신공학의 기초과목인 회로이론, 전자회로 등의 과목에서 이미 이론적으로 배운 기초 이론들이 실제 회로에서는 어떻게 나타나는지를 확인하려고 한다. 이러한 과정을 통하여 머리로 이해한 지식을 실제로 경험함으로써 다양한 경우의 현실에 응용 가능한 지식으로 확인시키려고 한다. 이 과정을 통하여 회로를 구성하는 방법, 소자특성, 계측기를 사용하는 방법을 이해하고 훈련되도록 한다. 공학은 궁극적으로 실물을 동작시켜야 하는 학문이다. 이를 위하여 이론과 동시에 실물에 대한 경험은 필수불가결한 요소이다. 그러나 동시에 이론에 대한 이해 없이 실험을 하는 것은 장님이 코끼리를 더듬는 것과 같다고 할 수 있다. 실험 전에 실험 내용에 대하여 이론적으로 완전히 이해하고 실험 과정과 예상 결과 값 그리고 사용 부품, 장비 등에 대하여서도 숙지하고 있어야 한다. 그렇게 함으로써 실험 결과도 잘 이해할 수 있고 혹 실험에서 예상과 다른 결과를 얻더라도 쉽고 빠르게 원인 분석을 할 수 있다. 더욱 중요하게는 실험에 걸리는 시간을 단축할 수 있다.

1-2. 측정의 기초

가. 오차의 종류

측정은 여러 가지 이유로 오차를 수반하게 된다. 따라서 오차의 종류와 발생 원인을 미리 파악하여 그 영향을 최소화하도록 하여야 한다. 또 측정 결과에 포함될 수 있는 오차의 원인을 결과 분석을 통하여 추론하고 이를 결과 해석에 고려하여야 한다. 일반적으로 실험에 의한 오차는 다음 3가지 종류로 구분한다.

1) 일반오차

주로 사람에 의한 오차로 판독 시 생기는 오차, 장비 조정 불량, 부적절한 장비사용, 계산 착오 등을 뜻한다.

2) 시스템 오차

측정 장비 자체의 오차, 주위 환경 변화에 의한 오차, 측정자의 편향된 자세 등을 뜻한다.

3) 랜덤 오차

장비와 측정 대상물의 불규칙적인 특성 변화에 의한 오차

나. 유효자릿수

측정값의 유효자릿수는 측정의 정확도를 나타내는 매우 중요한 요소이다. 유효 자릿수가 많다는 것은 그만큼 정확한 측정이 이루어졌다는 뜻이

다. 측정한 저항값이 1 [K Ω]이라는 것보다는 1.00 [K Ω]이라고 표시하는 것이 더 정밀하게 저항을 측정하였다는 뜻이 된다. 측정한 전압값이 1.2[V]라고 하면 그 값은 1.3[V]나 1.1[V]보다는 1.2[V]에 가까운 값이라는 뜻이다. 그러나 그 값이 1.26[V]라고 하면 그 값은 1.25[V]나 1.27[V]보다는 1.26[V]에 더 접근해 있다는 뜻이고 1.2[V]로 표현하는 것보다는 더 정확한 값을 표현할 수 있게 된다. 따라서 측정 시 데이터 값은 판독 가능한 최대 유효자릿수까지 표시하여야 한다.

1-3. 보고서 작성

실험보고서는 예비보고서와 결과보고서로 구분한다. 예비보고서는 수행할 실험과 관련된 이론을 충분히 이해한 후 실험 과정을 숙독하고 예상 결과 값을 계산하여 기록하여야 한다. 이후 실제 실험을 수행한 후 측정된 자료를 기록하고 그 결과를 토대로 이론의 정당성을 확인하거나 오차가 나는 경우 그 원인과 문제점, 개선 사항을 분석하고 검토한 사항을 작성하여야 한다. 보고서 작성을 통하여 자신의 실험 결과와 의견을 타인에게 전달 혹은 발표하는 훈련을 하는 기회가 되어야 한다.

1-4. 전자 부품

가. 저 항

저항은 전자회로에서 가장 널리 사용되는 2 단자 수동소자이다. R로 표시되며 그 값은 전자의 흐름을 방해하는 정도를 나타낸다. 어떤 물질의

저항은

$$R = \rho \frac{L}{A}$$

로 그 값이 정의된다. 단위는 옴[ohm]이며 기호는 그리스 문자 [Ω]을 사용한다. 위 식에서 ρ는 물질의 고유저항계수이고 [Ω•m]단위로 표시된다. 각 물질의 고유저항계수는 표 1과 같다. 저항은 길이에 비례하고 단면적에 반비례한다.

표 1 물질의 고유저항계수

물 질		고유저항계수[Ω•m] at 20 ℃
도 체	Aluminum	2.65×10^{-8}
	Copper	1.72×10^{-8}
	Silver	1.59×10^{-8}
반도체	Silicon	3×10^{3}
	Germanium	5×10^{-1}
부도체	Glass	$10^{7} \sim 10^{10}$
	Quartz	7.5×10^{17}

A. 저항의 종류

□ 탄소 피막
세라믹 원통에 탄소 피막을 입혀 저항값을 조절한다. 가장 일반적인 저항이다.

□ 탄소혼합물
탄소 가루와 수지를 혼합하여 소결한 것으로 값의 편차가 크다.

□ 금속 피막
모든 특성이 탄소 피막형보다는 우수하나 값이 비싸다.

□ 권선저항

정도가 높고 온도계수가 낮다. 잡음 특성이 우수하다. 그러나 권선 때문에 고주파 특성이 나쁘다.

B. 표준저항값

10	16	27	43	68
11	18	30	47	75
12	20	33	51	82
13	22	36	56	91
15	24	39	62	100

위 숫자는 한 단위 안의 상용 표준 저항값을 표시한다. 각 값은 약 10%씩 증가한다. 오차 범위 2%와 5%인 저항은 위 표에 있는 모든 저항값을 가진다. 그러나 오차 범위가 10%와 20%인 저항은 위 표의 값 중 진한 글씨 값만 있다. 그리고 그 값은 약 20%씩 증가한다.

C. 저항값의 표시

권선저항이나 시멘트 저항과 같이 저항 자체가 큰 경우 저항체에 그 값을 표시한다. 그러나 일반적으로 사용되는 탄소 피막형이나 탄소 혼합형 저항은 저항체 외부에 색띠로 저항값을 표시하며 표시 방법은 위 그림 1과 표 2와 같다. 색띠 중 앞쪽 두 개는 저항값의 유효자릿수, 셋째 띠는 곱하는 승수, 넷째 띠는 오차 범위를 표시한다. 예로 흑, 적, 등, 금색이 차례로 표시된 경우 값은 1, 2, 10^3, ± 5%가 되어 12,000± 5%의 저항값을 가진다. 저항 띠가 5개인 경우는 앞쪽 3띠가 유효자릿수를 표시하며 이것은 오차 범위가 1% 혹은 2%인 정밀저항에 적용된다.

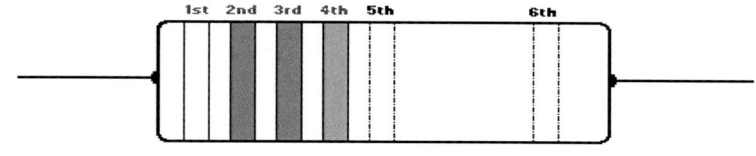

그림 1 저항값의 색띠 표시

표 2 저항값의 color code

색	첫째띠	둘째띠	셋째띠(곱수)	네째띠
흑색(Black)	0	0	10^0	-
갈색(Brown)	1	1	10^1	±1%
적색(Red)	2	2	10^2	±2%
주황(Orange)	3	3	10^3	
황색(Yellow)	4	4	10^4	
녹색(Green)	5	5	10^5	
청색(Blue)	6	6	10^6	
자색(Violet)	7	7	10^7	
회색(Gray)	8	8	10^8	
백색(White)	9	9	10^9	
금색(Gold)	-	-	10^{-1}	±5%
은색(Silver)	-	-	10^{-2}	±10%
무	-	-	-	±20%

나. 캐패시터

캐패시터는 전하를 저장하는 소자이다. 용도와 용량에 따라 다양한 크기, 모양과 재료로 만들어진다. 그러나 어떤 형태로 제작되었든지 얇은 유전체를 사이에 두고 두 극판이 마주하고 있는 것은 동일하다. 단지 형태, 유전체의 종류, 극판의 종류를 달리할 뿐이다. 캐패시터의 용량 C는

$$C = \frac{Q}{V}$$

로 정의되며 캐패시터가 저장하고 있는 총 전하량 Q와 캐패시터 양단 전압 V의 비(比)이다. 단위는 F(Farad)이다. 캐패시터 값은

$$C = \frac{\varepsilon A}{d}$$

로 정의되고 이때 ε은 극판 사이에 있는 유전체의 유전율, A는 극판 면적, d는 극판 간격을 뜻한다.

A. 캐패시터의 종류

□ 전해 캐패시터

대용량 캐패시터로 가장 널리 사용된다. 극성이 있으며 내압도 표시된다. 반드시 허용 전압 범위 내에서 극성에 맞게 사용되어야 한다. 그렇지 않은 경우 폭발의 위험이 있다. 용량과 내압, 극성은 외부에 표시되어 있다. 온도 특성이 좋지 않으며 값의 오차가 크다.

□ Tantalum 캐패시터

전해 캐패시터와 같이 극성이 있으나 전해 캐패시터에 비하여 온도 특성과 주파수 특성이 우수하다. 잡음 특성도 우수하다.

□ Caramic 캐패시터

가장 널리 사용되는 캐패시터이다. 티타늄이나 산화 바리움을 유전체로 사용한다. 1[pF] 이하에서 수천 [uF]까지 제작이 가능하다. 극성은 없으나 온도, 주파수, 전압 특성이 나쁘다.

□ Metal Polymer

금속 박막과 polymer를 사용한다. 안정성과 고주파 특성이 뛰어나다.

B. 캐패시터의 극성과 용량표시

캐패시터 사용 시 특히 주의하여야 할 것은 극성이 있는 전해 캐패시터
나 탄탈 계열의 캐패시터는 반드시 극성에 맞게 연결하여야 한다는 것이
다. 통상 전해 캐패시터는 그 크기가 충분하기 때문에 케이스에 용량, 내
압, 극성이 표시되어 판독에 어려움이 없다. 리드선의 길이로도 극성이 표
시되며 +단자가 -단자보다 약간 길다. 세라믹이나 마일러 캐패시터의 경
우 아래의 표시 방식을 따른다.

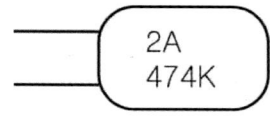

그림 2 캐패시터 값 표시

2A   : 사용정격 내압(표 3 참조)

4   : 유효 숫자

7   : 유효 숫자

4   : 10의 승수

k   : 오차표시(표 4 참조)

표 3 캐패시터 사용 정격전압

	A	B	C	D	E	F	G	H	J	K
0	1	1.25	1.6	2.0	2.5	3.15	4.0	5.0	6.3	8.0
1	10	12.5	16	20	25	31.5	40	50	63	80
2	100	125	160	200	250	315	400	500	630	800
3	1,000	1,250	1,600	2,000	2,500	3,150	4,000	5,000	6,300	8,000

표 4 캐패시터 허용 오차

문 자	B	C	D	F	G	J	K	M	N	V	X	Z	P
허용오차[%]	±0.1	±0.25	±0.5	±1	±2	±5	±10	±20	±30	±20	±40	±80	+100 -0
허용오차[%]	±0.1	±0.25	±0.5	±1	±2								

다. coil

캐패시터가 전하로 에너지를 저장하는 것과 같이 인덕터는 자력으로 에너지를 저장한다. Faraday 법칙에 따라 전류 변화에 따른 인덕터 유기전압은

$$v = L\,\frac{di}{dt}$$

로 정의된다. L의 단위는 H(Henry)이다. 인덕터 값의 표기도 저항과 유사한 방법으로 한다.

라. 브레드보드

브레드보드는 실험 중에 필요한 회로 결선을 손쉽게 하기 위해 만든 만능회로 결선 기판이다. 실험 중 원하는 소자를 임의의 자리에 배치하여 브레드보드에 배치된 만능 소켓으로 회로의 노드를 만들 수 있다. 실험에서 사용할 회로 기판은 그림 3과 같다. 5칸씩 2줄로 연결된 부분과 전체 63칸이 5줄로 배치된 부분이 교대로 배열되어 있다. 아래 그림에서와 같이 5칸씩 2줄로 연결된 부분은 가로 방향으로 내부에서 연결되어 있어서 전체가 1개의 node로 연결된다. 이 부분은 전원이나 GND node로 이용하면 편리하다. 63칸이 5줄로 연결된 부분은 각 칸이 세로로 내부에서 연결되어 있다. 따라서 세로 한 줄이 하나의 node를 형성한다.

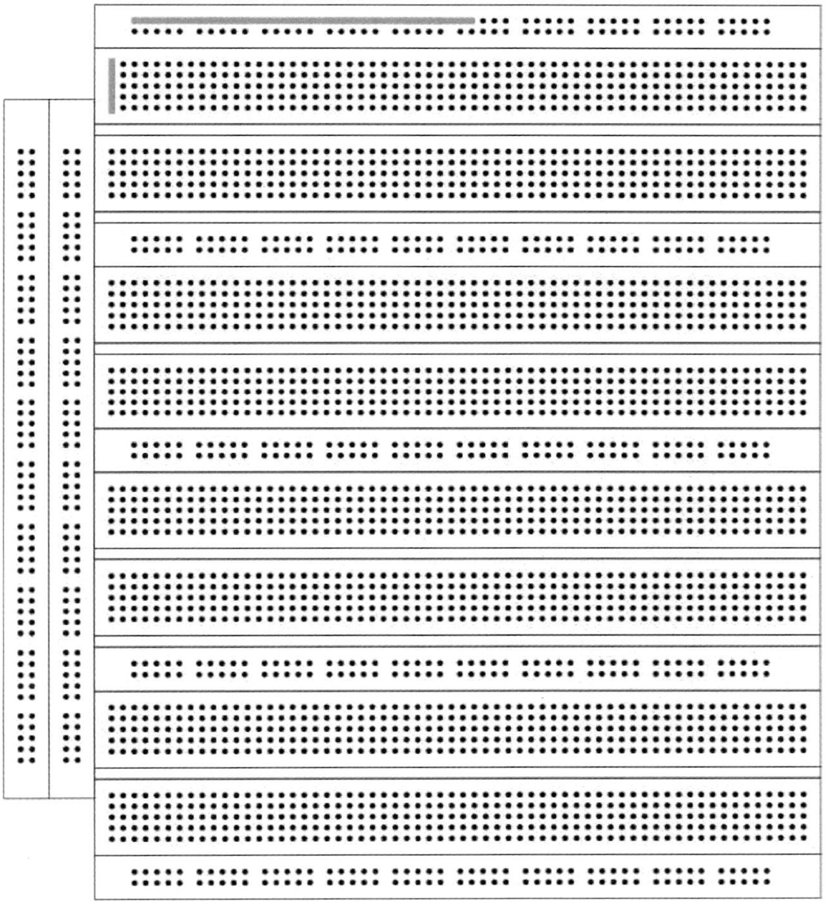

그림 3 브레드보드(BreadBoard)

Part II

직류회로 실험

2-1. 멀티미터(Analog multimeter) 및 전원공급기 사용법

1. 실험 목표

- 아날로그 멀티미터의 기능과 사용방법을 익힌다.
- 디지털 멀티미터의 기능과 사용방법을 익힌다.
- 직류 전원공급기의 기능과 특성을 익힌다.

2. 실험장비 및 부품

	장 비	부 품
1	Universal System	직류전원공급기, 디지털멀티미터
2	아날로그 멀티미터	

3. 실험이론

가. 아날로그 멀티미터

아날로그 멀티미터는 다양한 용도로 가장 널리 사용되는 간단한 계측기기이다. 최근에는 디지털 방식의 멀티미터도 많이 사용되었지만 아날로그 방식은 값이 저렴하고 계기판의 시각적인 효과 때문에 여전히 선호되는 계측기이다. 아날로그 멀티미터는 테스터(Tester) 혹은 VOM(Volt Ohm Meter)라고 불리기도 한다.

제조회사의 사용설명서에 따르면 아날로그 멀티미터로 측정할 수 있는 항목은 아래와 같이 매우 다양하나 통상 직류 전류, 직류 전압, 교류 전압, 저항, diode 검사, battery 검사 정도의 기능이 많이 사용된다.

- DC 전압
- DC 전류
- ac 전압
- dB 측정
- 도통시험
- Battery 측정
- Iceo (누설전류) 측정
- hfe (DC증폭) 측정
- Diode 측정

1) 구동원리

영구자석으로 형성된 자장 속에 코일을 놓고 코일에 전류를 흘리면 코일이 발생시키는 자력선과 영구자석에 의한 자력선의 상호작용으로 자장 속의 코일은 힘을 받는다. 이 코일이 자장 속에서 자유롭게 회전할 수 있도록 되어 있으면 코일은 자력에 의해 회전한다. 이 힘은 코일 축에 달려 있는 제어 스프링의 탄성에 의해 상쇄되고 코일에 달려 있는 지시침은 코일에 흐르는 전류에 의한 힘과 스프링의 탄성이 균형을 이루는 지점에 정지하게 된다. 회전하는 코일이 받는 전자력은 아래 식으로 정의된다.

$$T = B \cdot A \cdot I \cdot N$$

T: Torque, Newton - Meter

B: 자력선 밀도, webers / square meter

A: 코일의 유효면적, square meters

I : 회전 코일에 흐르는 전류, (A)

N: 코일의 권선수

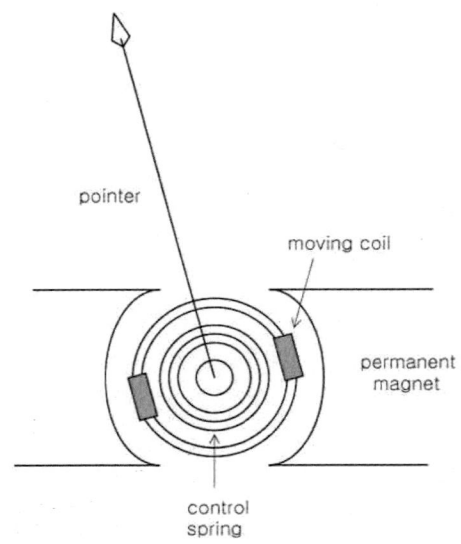

그림 1 가동코일형 계기 구동부 구조

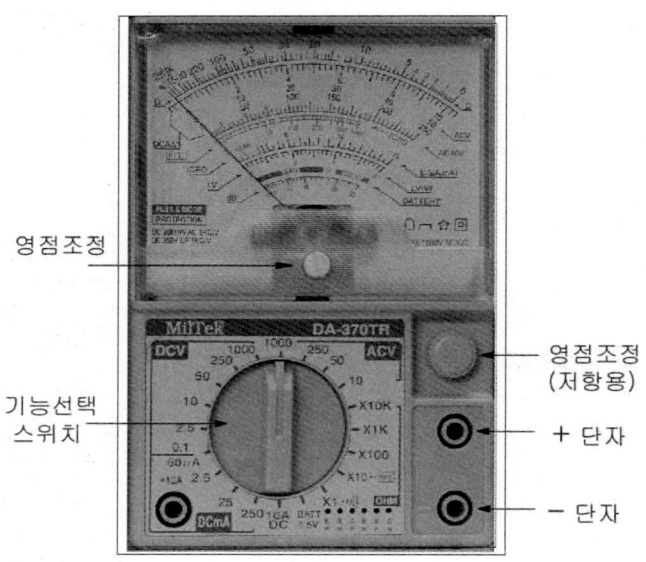

그림 2 아날로그 멀티미터

지침의 회전각도는 코일에 흐르는 전류에 비례하므로 전류 측정이 가능하다. 저항값을 고정시키면 그 저항에 흐르는 전류는 전압에 비례한다. 따라서 전류값을 측정하여 전압값으로 환산할 수 있으므로 전압 측정도 가능하다.

▶ 아래 아날로그 멀티미터의 사용설명은 '대아 시스템'의 DA-370TR을 기준으로 설명한다.

2) 직류 전압 측정

기능 선택스위치를 돌려 'DC V' 측정위치, 즉 스위치의 좌측 상단부 0.1, 10, 50, 250, 1000 위치에 둔다.

지침의 눈금은 계기판 상단부 좌측 'DC A, V'로 표시된 눈금을 읽는다. 이때 최대눈금(Full scale)은 10, 50, 250으로 표시되어 있다. 기능 선택 스위치가 10, 50, 250으로 선택된 경우 해당 눈금을 바로 읽으면 된다. 기능 선택 스위치가 0.1 혹은 1000으로 선택된 경우 최대 눈금은 0.1 혹은 1000이 되므로 계기판에 표시된 값에 0.1혹은 100을 곱한 값이 실제 값이 된다. 직류 전원은 극성을 가지므로 리드 선을 연결하기 전 반드시 극성을 확인하여야 한다.

3) 직류 전류 측정

기능 선택스위치를 돌려 'DC mA' 측정 위치, 즉 스위치의 좌측 하단부 50μA, 2.5, 25, 250, 250[mA] 위치에 둔다.

지침의 눈금은 계기판 상단부 좌측 'DC A, V'로 직류 전압을 측정하는 경우와 동일하다. 직류 전류도 측정 전에 반드시 전원의 극성을 확인하여야 한다. 전압 측정 시와 달리 전류 측정 시 멀티미터는 회로 내에 삽입되어 전류계를 통하여 전류가 흐르도록 연결되어야 한다. 이것은 측정하

려는 회로의 연결선을 끊고 그 양단 연결 단자에 전류계의 +, -단자가 극
성에 맞도록 연결되어야 한다는 뜻이다.

4) 교류 전압 측정

기능 선택스위치를 돌려 'AC V' 측정위치, 즉 스위치의 우측 상단부에
붉은 글씨로 표시된 10, 50, 250, 1000 위치 중 적절한 위치에 둔다.

지침의 눈금은 계기판 상단부 우측 부분 'AC V'로 표시된 눈금을 읽는
다. 이것은 'DC A, V'와 동일한 눈금이다. 'AC V - 10'을 선택한 경우 눈
금은 AC 10V로 표시된 붉은 눈금을 읽어야 한다.

직류와 달리 교류에는 극성이 없으므로 +, -리드 선을 연결 시 극성은
고려할 필요가 없다. 그러나 교류 전압 측정 시 멀티미터의 주파수 특성
때문에 10[㎑] 이상 신호에 대한 측정은 의미가 없다.

5) 저항 측정

저항 측정은 기능 선택 스위치를 우측 하단부 '× 1 ~ × 10k' 위치에
두고 시행한다. 저항 측정 눈금은 계기판 상단에 'Ω'으로 표시되어 있으
며 눈금변화가 선형적이 아니고 대수적(logarithmic)이다. 전압, 전류 측정
시와 달리 영점이 계기판 우측에 있다. 측정값은 계기판 눈금에 표시된
값에 '기능선택스위치'로 선택된 '승수'를 곱한 값이 된다.

측정하려는 저항값을 예상하여 지시 바늘이 계기판 중앙부에 가도록 피
측정 저항값에 따라 '기능 선택 스위치'를 적절하게 선택하여야 한다. 눈
금이 대수적이므로 지시 바늘이 좌측으로 치우치는 경우 많은 오차를 유
발한다. 전류나 전압 측정 시와 달리 양쪽 측정 단자를 개방(open)하는
경우 저항치는 ∞가 된다.

모든 저항 측정 전 멀티미터는 반드시 '0점 조정'을 하여야 한다. 기능

선택스위치로 적절한 승수를 선택한 후 +, − 측정단자를 단락(short)시
킨다. 이때 지시 바늘은 계기판 우측끝, 즉 저항값 0을 가리켜야 한다. 0
이 되지 않은 경우 멀티미터 우측의 영점조정기를 조절하여 지침이 0이
되도록 조절한다. 0점 조정은 기능 선택 스위치의 위치를 조절할 때마다
하여야 한다. 저항 측정 시 또 다른 주의점을 피측정체의 전원은 반드시 OFF
하여야 한다. 멀티미터는 자신이 피측정 저항에 전류를 흘려 저항을 측정
하므로 외부 전원에 의해 전류가 흐르면 정확한 저항값을 측정할 수 없음
은 물론이고 멀티미터 자체를 손상시킬 수 있다. 그리고 정확한 저항값을
측정하기 위해서는 피측정 저항을 회로에서 분리시켜야 한다.

〈아날로그 멀티미터 사용 시 주의사항〉
① 직류 측정 시 +, −극성 확인 후 연결할 것
② 기능선택 스위치를 전류계 모드에 두고 전압 측정하지 말 것
③ 기능선택 스위치를 저항 모드에 두고 피측정회로에 전원을 인가하지
   말 것
④ 측정단자가 회로에 연결된 경우 기능선택스위치를 바꾸지 말 것
⑤ 피측정체의 값을 알지 못하는 경우 최대 눈금이 높은 값에서 시작할 것
⑥ 지시 바늘이 계기판 중앙에 오도록 기능선택스위치를 조절할 것
⑦ 지시 바늘이 완전히 정지한 후 눈금을 읽을 것
⑧ 눈금을 읽을 때 눈은 지시 바늘 바로 위에 둘 것

나. 디지털 멀티미터

디지털멀티미터는 아날로그 멀티미터와 비교하여 DMM(Digital Multimeter)
로 불리기도 하나 아날로그 멀티미터와 같이 테스터 혹은 VOM(Volt Ohm
Meter)으로도 불린다. 동작 방식과 표시 방식만 다를 뿐 기능은 아날로그 방

식과 대동소이하다. 본 실험의 장비로 사용되는 Universal System MS- 9160
에 포함된 디지털 멀티미터의 측정 항목은 아래와 같다.

- DC 전압
- DC 전류
- ac 전압
- 저항값 측정
- 캐패시터값 측정
- 인덕턴스값 측정
- Diode 측정

아날로그 방식과 비교하여 캐패시턴스와 인덕턴스 값을 추가로 측정할
수 있다. DMM은 측정하려는 물리량을 직접 A/D 변환하여 10진 숫자로
표시한다. 따라서 사람에 따른 판독 오차는 없으며 값의 판독 속도가 빠
르다. 보통 3~4자리 숫자로 값을 표시한다. 측정값에 따라 미터의 측정범
위가 자동 변환되므로 측정범위선택 스위치는 필요 없다.

그림 3 디지털 멀티미터

다. 직류전원장치

이 절에서는 본 실험에서 사용할 직류전원장치에 대하여 설명한다. 이 직류전원장치는 실험의 편의를 위하여 'METEX'가 제작한 Universal System MS-9160에 포함되어 있다. 외부 모양은 아래 그림 4와 같다. 모든 현실적인 전원은 내부저항을 포함하고 있어서 부하변동에 따라 출력전압이 변한다. 그러나 실험에서 사용할 직류전원장치는 전압 안정화 회로를 사용하여 내부 저항이 최소가 되도록 설계, 제작되어 규격범위 내에서는 거의 이상적인 전원으로 동작한다.

출력 전압은 고정 전압 5V와 15V가 있으며 0~30V까지 변화시킬 수 있는 가변 전압도 제공한다. 전류 제한 놉(knob)으로 출력 전류를 제한할 수도 있다. LCD 창으로 출력전압과 전류값을 확인할 수 있다.

아래는 각 전원의 규격이다.

표 1 직류전원장치 규격표

	전원 A	전원 B	전원 C
출력 전압	5V	15V	0~30V
출력 전류	2A	1A	0~2A
Ripple	2mV Max	2mV Max	1mV Max
Load Requlation	0.1% + 70mV	0.1% + 35mV	0.1% + 5mV
Line Requlation	0.1% + 30mV	0.1% + 30mV	0.1% + 5mV
표 시	LED ON	LED ON	3½ Digit LCD (전압 / 전류선택 가능)

□ 사용법

◦ 전원스위치를 켜면 '5V 2A'와 '15V 1A' LED가 켜져야 한다.

◦ 가변전원이 필요한 경우 맨 아래쪽 단자에 부하를 연결하여 사용하

고 '전압조절 놉'으로 출력전압을 조정한다.

◦ 'V／A' 스위치가 눌려지지 않은 경우 LCD는 가변 출력 전압값을
나타내고 눌려져 있는 경우 출력전류를 표시한다.

◦ 부하 회로에 일정 전류 이상이 흐르지 않도록 하여 회로를 보호할
필요가 있는 경우 '전류제한 놉'을 적당한 값으로 조절하여라. 이때
제한되는 정확한 전류값을 알 수는 없다. 그러나 제한 값보다 과도
한 전류가 흐르는 경우 출력전압은 감소하고 'V／A' 스위치 옆의
'제한 전류 표시' LED가 켜진다.

그림 4 직류전원장치

4. 실험과정

[1] 아날로그와 디지털 멀티미터를 사용하여 직류전원장치의 고정 출력
전압 5[V]와 15[V]를 측정하여 표 2에 기록하여라.

[2] 직류전원장치의 가변 전원을 10[V]로 조정하고 아날로그와 디지털
멀티미터로 출력 전압을 측정하여라.

※ 측정 전 미터의 기능변환스위치가 직류전압 측정모드인지 확인하여라.

5. 실험결과

표 2 고정전원 출력 측정값

직류전원장치전압	아날로그미터 측정값[V]	디지털미터 측정값[V]
5[V]		
15[V]		

표 3 가변전원 출력 측정값

직류전원장치전압	직류전원장치 표시전압[V]	아날로그미터 측정값[V]	디지털미터 측정값[V]
10[V]			

6. 실험결과 분석 및 검토

[1] 아날로그와 디지털 방식으로 측정한 전원 전압값이 직류전원장치
표시 전압과 일치하는지 확인하여라.

[2] 아날로그와 디지털 미터 측정값의 오차는 있는가? 오차를 디지털
값 기준 %로 계산하여 보아라.

2-2. 옴(Ohm)의 법칙

1. 실험 목표

∘ 옴(Ohm)의 법칙을 실험을 통하여 확인한다.

2. 소요장비 및 부품

	장 비	부 품
1	Universal System	직류전원공급기, 디지털 멀티미터
2	아날로그 멀티미터	
3	Bread Board	
4	저 항	220, 330, 470, 560, 1K, 2K, 3K

3. 실험이론

가. 옴의 법칙(Ohm's Law)

옴의 법칙은 저항체에 흐르는 전류와 전압의 관계를 정의하는 법칙이다. 전류가 흐르는 저항체 양단의 전압(V)은 전류(I)에 비례하며 비례 상수는 저항체의 저항 R로 정의된다.

$$V = I \cdot R, \quad I = V / R, \quad R = V / I$$

의 관계가 성립하며 R의 역수는 전도도 G로 표시한다.

$$G = 1 / R$$

옴의 법칙을 전도도 G를 사용하여 다시 표시하면

$$V = I / G, \quad I = V \cdot G, \quad G = I / V$$

가 성립한다.

저항의 단위는 ohm[Ω]이다. 저항의 단위 'ohm'은 이 법칙을 발견한 독일 물리학자 'Georg S. Ohm'의 이름을 딴 것이다. 아래 그림에서 전압,

전류, 저항의 관계는 $V = I \cdot R$이다.

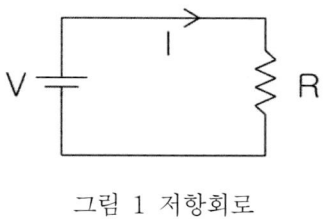

그림 1 저항회로

나. 저항의 직렬접속

그림 2 회로에서 전체 저항 R_0는

$$R_0 = R_1 + R_2 + R_3$$

가 되어 직렬저항은 각 저항의 합으로 표현된다. 각 저항이 동일한 가지에 존재하므로 각 저항에 걸리는

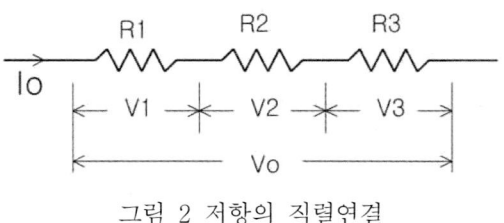

그림 2 저항의 직렬연결

전압은

$$V_1 = I_0 R_1 \quad , \quad V_2 = I_0 R_2 \quad , \quad V_3 = I_0 R_3$$

가 된다. 전체 저항 R에 걸리는 전압은 아래와 같다.

$$V = I_0 R_0 \qquad = I_0 (R_1 + R_2 + R_3)$$
$$= I_0 R_1 + I_0 R_2 + I_0 R_3$$
$$= V_1 + V_2 + V_3$$

다. 저항의 병렬접속

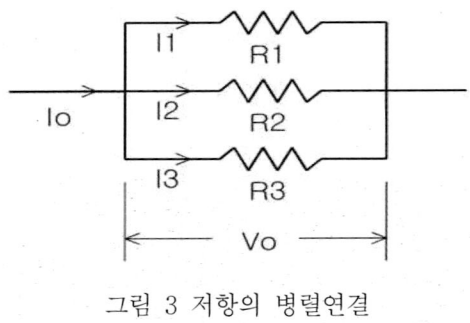

그림 3 저항의 병렬연결

위 회로에서 전체 저항 R_0는

$$R_0 = \cfrac{1}{\cfrac{1}{R_1} + \cfrac{1}{R_2} + \cfrac{1}{R_3}} = \frac{R_1 R_2 R_3}{R_1 R_2 + R_2 R_3 + R_1 R_3}$$

가 된다. 병렬회로인 경우 저항보다 각 저항체의 전도도로 계산하는 것이 편리하다. 즉 전체 전도도 G_0는

$$G_0 = \frac{1}{R_0} = G_1 + G_2 + G_3 = \frac{1}{R_1} + \frac{1}{R_2} + \frac{1}{R_3}$$

가 되어 병렬연결 시 전체 전도도는 각 저항 전도도의 합과 같다.
전체 전압은

$$V_0 = I_0 \cdot R_0 = \frac{I_0}{G_0}$$

이다. 각 저항에 흐르는 전류는

$$I_1 = \frac{V_0}{R_1} = V_0 \cdot G_1$$

$$I_2 = \frac{V_0}{R_2} = V_0 \cdot G_2$$

$$I_3 = \frac{V_0}{R_3} = V_0 \cdot G_3$$

으로 계산된다.

라. 저항의 직·병렬접속

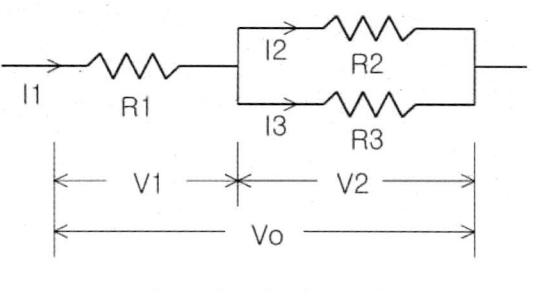

그림 4 저항의 직병렬연결

위 그림은 직렬접속과 병렬접속이 공존하는 경우이다. 병렬 접속된 저항 R_2 , R_3 의 합성저항 R_{23} 은

$$R_{23} = \frac{1}{G_{23}} = \frac{1}{G_2 + G_3} = \frac{1}{\dfrac{1}{R_2} + \dfrac{1}{R_3}} = \frac{R_2 \cdot R_3}{R_2 + R_3}$$

로 계산된다. 따라서 전체저항 R_0 는

$$R_0 = R_1 + R_{23} = R_1 + \frac{R_2 \cdot R_3}{R_2 + R_3}$$

가 된다.

전체 전압 V_0는

$$V_0 = I_1 \cdot R_0 = I_1(R_1 + R_{23}) = I_1 R_1 + I_1 R_{23} = V_1 + V_2$$

가 된다.

$$V_1 = I_1 R_1$$

$$V_2 = I_1 R_{23}$$

이 되며 분기전류 I_2 와 I_3 는 각각

$$I_2 = \frac{V_2}{R_2}, \; I_3 = \frac{V_2}{R_3}$$

가 되며

$$I_1 = I_2 + I_3$$

이다.

4. 실험과정

[1] 아래 그림 5의 회로를 구성하여라.($V = 10[V]$, $R_1 = 560$, $R_2 = 470$, $R_3 = 220$)

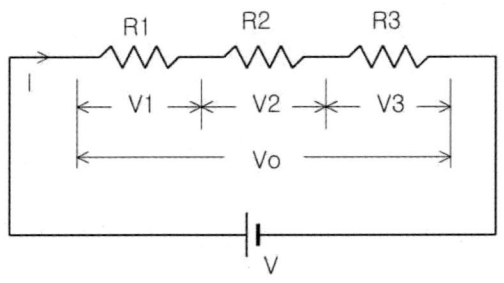

그림 5 직렬 저항 실험회로

[2] 전원 전압이 10[V]인 경우와 20[V]인 경우 각각에 대하여 I_0, V_1, V_2, V_3를 측정하여 표 1에 기록하여라.

[3] 아래 그림 6 회로를 구성하여라.($V=5[V]$, $R_1=1k$, $R_2=2k$, $R_3=3k$)

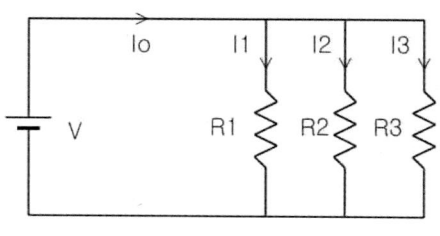

그림 6 병렬 저항 실험회로

[4] 전원 전압이 5[V], 10[V]인 경우 각각에 대하여 전체 전류와 각 가지전류를 측정하여 표 2에 기록하여라.

[5] 아래 그림 7 회로를 구성하여라. ($V=5[V]$, $R_1=330$, $R_2=1k$, $R_3=2k$, $R_4=3k$)

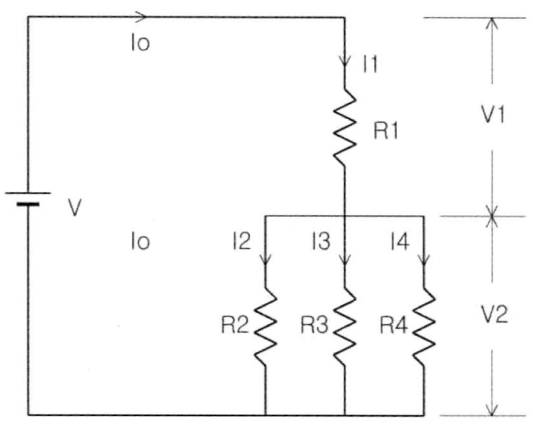

그림 7 직병렬 저항 실험회로

[6] 전원 전압이 10[V], 5[V]인 경우 각각에 대하여 전체 전류 I_0와 각 가지전류 I_1 , I_2 , I_3 을 측정하여라. 그리고 V_1 , V_2 전압을 측정하여 표 2-2-3에 기록하여라.

5. 실험결과

[1] 직렬회로 실험 결과

표 5 직렬 저항 회로 실험 결과

전원전압	10[V]		15[V]	
	이론치	실험치	이론치	실험치
I_0 [mA]				
V_1 [V]				
V_2 [V]				
V_3 [V]				

[2] 병렬 저항 회로 실험 결과

표 6 병렬 저항 회로 실험 결과

전원전압	5[V]		10[V]	
	이론치	실험치	이론치	실험치
I_0 [mA]				
I_1 [mA]				
I_2 [mA]				
I_3 [mA]				

[3] 직 병렬 저항 회로 실험 결과

표 7 직병렬 저항 회로 실험 결과

전원전압	5[V]		10[V]	
	이론치	실험치	이론치	실험치
I_1 [mA]				
I_2 [mA]				
I_3 [mA]				
I_4 [mA]				
V_1 [V]				
V_2 [V]				

6. 실험 결과 분석 및 검토

[1] 이론치와 실험치가 일치하는가? 일치하지 않다면 오차의 원인은?
아는 대로 기술하여라.

[2] 병렬회로 실험 결과 Io와 $I_1 + I_2 + I_3$은 일치하는가?

2-3. 키르히호프의 법칙(Kirchhoff's Law)

1. 목 적

◦ 키르히호프의 1법칙(전류법칙) 및 2법칙(전압법칙)을 실험을 통하여
확인한다.

2. 실험장비 및 부품

	장 비	부 품
1	Universal System	직류전원공급기, 디지털 멀티미터
2	아날로그 멀티미터	
3	Bread Board	
4	저 항	200, 470, 510×2, 1k, 2k, 3k

3. 실험이론

복잡한 전기 회로에서 각 가지의 전류나 전압을 구하는 것은 단순한 옴의 법칙으로는 풀기 어려운 문제일 수 있다. 키르히호프의 전압 전류 법칙은 여러 개의 폐회로가 존재하는 복잡한 회로에서 각 소자에 흐르는 전류를 구하는 유용한 수단이다.

가. 키르히호프의 1법칙(전류법칙)

회로망 내의 임의의 마디(node)에 유입(유출)되는 전류의 합은 0이다. 아래 그림에서 한 개의 마디 N에 유입되는 전류의 합 I는 $I = I_1 + I_2 + I_3 + I_4 + I_5$이며, 이 값이 0이 된다는 것이다.

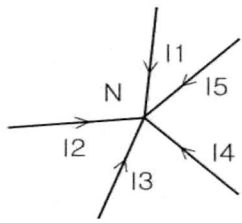

그림 1 키르히호프 전류 법칙에 따른

일반식으로

$$\sum_{i=0}^{n} I_i = 0$$

이다.

이것을 실제 회로에 적용하면 아래 그림 2에서 마디 M에서의 전류 방정식은 $I_1 + I_2 + I_3 + I_4 = 0$가 되고 마디 N에서의 전류 방정식은 $I_3 + I_4 = I_5$가 된다.

$$I_3 + I_4 - I_5 = 0$$

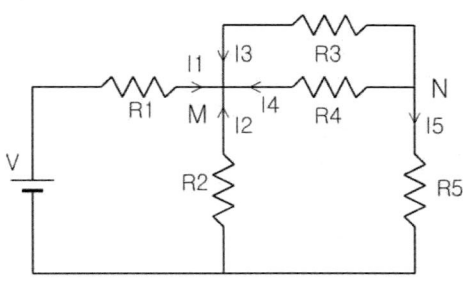

그림 2 키르히호프의 전류법칙

나. 키르히호프의 2법칙(전압법칙)

회로망 내의 임의의 폐회로를 구성하는 각 소자에 걸리는 전압의 합은 0이다. 여기서 폐회로라 함은 출발점에서 회로 내의 임의의 경로를 거쳐 다시 출발점으로 돌아오는 경로를 뜻한다.

아래 그림 3 회로에 키르히호프의 전압 법칙을 적용하면

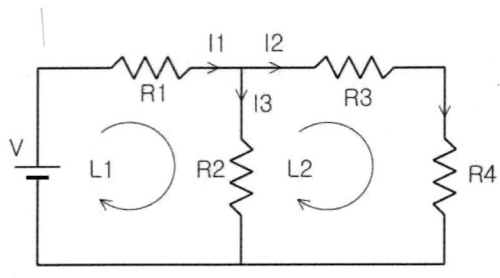

그림 3 키르히호프의 전압 법칙

첫 번째 폐회로 L_1 에서 키르히호프의 전압 방정식은

$$I_1 R_1 + I_3 R_2 - V = 0$$

가 된다. 여기서 전압 전원 V는 폐회로의 방향과 반대로 +극이 접속되어 −
값을 가진다. 두 번째 폐회로 L_2 에서의 키르히호프 전압 방정식은

$I_2 R_3 + I_2 R_4 - I_3 R_2 = 0$가 된다.

4. 실험 과정

[1] 그림 4 회로를 구성하여라.(V=15[V], R_1=470[Ω], R_2= 3K[Ω],
   R_3=2K[Ω])

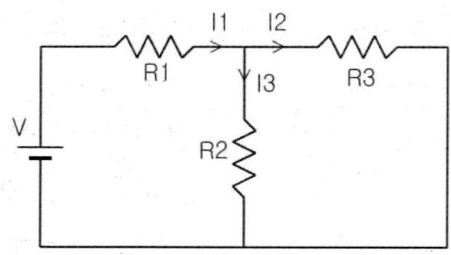

그림 4 실험과정 1 회로도

[2] 각 저항에 흐르는 전류와 전압을 측정하여 표 1에 기입하여라.

[3] 그림 5 회로를 구성하여라.(V=10[V], R_1=1[kΩ], R_2=510[Ω], R_3= 2[kΩ], R_4=510[Ω], R_5=200[Ω])

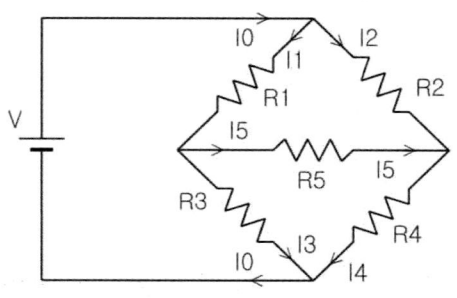

그림 5 실험과정 2 회로도

[4] 각 저항에 흐르는 전류와 전압을 측정하여 표 2에 기입하여라.

5. 실험 결과

표 1 과정 1 실험 결과

전원전압	15[V]	
	이론치	실험치
I_1 [mA]		
I_2 [mA]		
I_3 [mA]		
V_{R1}[V]		
V_{R2}[V]		
V_{R3}[V]		

표 2 과정 2 실험 결과

저항 전류	이론치	실험치	저항전압	이론치	실험치
I_1 [mA]			V_{R1}[V]		
I_2 [mA]			V_{R2}[V]		
I_3 [mA]			V_{R3}[V]		
I_4 [mA]			V_{R4}[V]		
I_5 [mA]			V_{R5}[V]		

6. 실험 결과 분석 및 검토

[1] 표 1 및 2의 결과로 키르히호프의 1법칙과 2법칙이 성립함을 확인
하여 보아라.

2-4. 중첩의 정리

1. 실험목표

∘ 실험을 통한 중첩의 정리 확인

2. 소요장비 및 부품

	장 비	부 품
1	Universal System	직류전원공급기, 디지털 멀티미터
2	아날로그 멀티미터	
3	Bread Board	
4	저 항	100, 220, 330

3. 실험이론

□ 중첩의 정리 (Superposition Principle)

회로망 내에 2개 혹은 그 이상의 전원이 있을 때 회로 해석은 중첩의 정리를 사용하여 간단하게 할 수 있다. 이 정리는 다음과 같이 기술할 수 있다.

다수의 전원을 포함하는 선형회로망에서 임의의 가지에 흐르는 전류는 각 전원이 단독으로 인가될 때 흐르는 전류의 합과 같다. 이때 고려되지 않는 전원의 크기는 0이다. 즉 전압 전원은 단락되고 전류 전원은 개방된다.

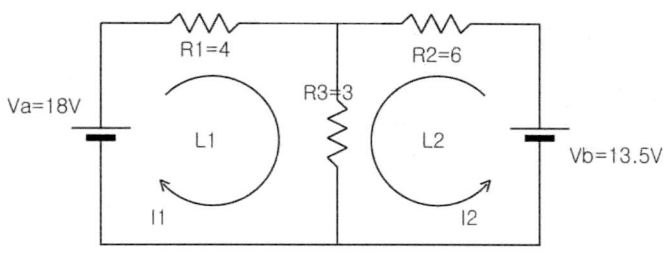

그림 1 중첩의 정리 적용회로

위 그림 1 회로에 흐르는 전류를 구하여 보자. 중첩의 정리를 사용하기 전 전장에서 공부한 키르히호프의 법칙을 사용하여 폐회로 L1과 L2에 흐르는 전류 I_1과 I_2로 전압 방정식을 쓰면

$$18 = 4I_1 + 3(I_1 + I_2)$$
$$13.5 = 6I_2 + 3(I_1 + I_2)$$

가 되고 위 식을 행렬식으로 다시 정리하면

$$\begin{bmatrix} 7 & 3 \\ 3 & 9 \end{bmatrix} \begin{bmatrix} I_1 \\ I_2 \end{bmatrix} = \begin{bmatrix} 18 \\ 13.5 \end{bmatrix}$$

가 된다. 위 식을 풀면

$$I_1 = \frac{\begin{vmatrix} 18 & 3 \\ 13.5 & 9 \end{vmatrix}}{\begin{vmatrix} 7 & 3 \\ 3 & 9 \end{vmatrix}} = \frac{121.5}{54} = 2.25$$

$$I_2 = \frac{\begin{vmatrix} 7 & 18 \\ 3 & 13.5 \end{vmatrix}}{\begin{vmatrix} 7 & 3 \\ 3 & 9 \end{vmatrix}} = \frac{40.5}{54} = 0.75$$

가 된다.

위 결과를 중첩의 정리를 사용하여 다시 계산하면 먼저 V_a 전원만을 고려하는 경우 V_b전원은 단락되므로 그림 1 회로는 아래 그림 2 회로와 같이 변한다. 그림 2 회로에서 R_2와 R_3의 병렬 저항은 3 // 6=2[Ω]이 된다. 따라서 전체 저항은 6[Ω]이 되고 각 저항에 흐르는 전류는

$$I_{1a} = \frac{18}{6}[A] = 3[A]$$
$$I_{2a} = 3[A] \cdot \frac{3}{3+6} = 1[A]$$
$$I_{3a} = 3[A] \cdot \frac{6}{3+6} = 2[A]$$

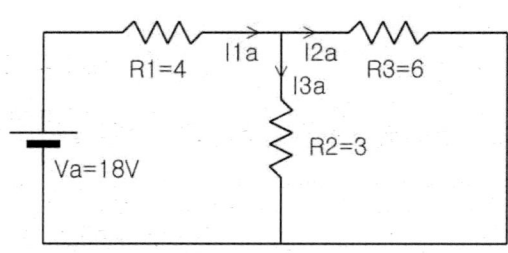

그림 2 중첩의 정리 - Va만 고려

가 된다.

다음으로 전원 V_b만 고려하는 경우 V_a전원은 단락되므로 회로는 아래 그림 3과 같이 된다. 그림 3 회로에서 R_1와 R_3의 병렬 저항은 4 // 3=1.7143[Ω]이 된다. 따라서 전체 저항은 6 + 1.7143 = 7.7143[Ω]이 된다. 각 저항에 흐르는 전류는

$$I_{2b}=\frac{13.5}{7.7143}[A]=1.75[A]$$
$$I_{1b}=1.75[A]\cdot\frac{3}{4+3}=0.75[A]$$
$$I_{3b}=1.75[A]\cdot\frac{4}{4+3}=1[A]$$

가 된다.

이제 두 전원이 동시에 인가될 때 각 저항에 흐르는 전류는 각 전원이 별도로 있을 때 흐르는 전류의 합이므로

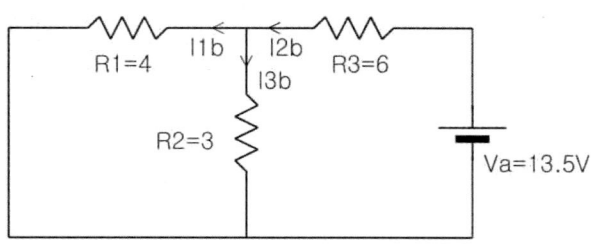

그림 3 중첩의 정리 − Vb만 고려

$$I_1=I_{1a}-I_{1b}=3[A]-0.75[A]=2.25[A]$$
$$I_2=I_{2b}-I_{2a}=1.75[A]-1[A]=0.75[A]$$

가 되어 키르히호프의 전류 방정식으로 계산한 결과와 동일하다.

4. 실험 과정

[1] 그림 4의 회로를 구성한 후 V2를 제거하고 V1만 인가한 후 각 저
항에 흐르는 전류를 측정하여 표 1에 기입하여라.(V1=10[V],
V2=5[V], R_1=330[Ω], R_2=220[Ω], R_3=100[Ω])

[2] V1을 제거하고 V2만 인가한 후 과정 1을 반복하여라.

[3] V1과 V2 모두를 인가한 후 각 저항에 흐르는 전류를 측정하여 표
2-4-1에 기록하여라.

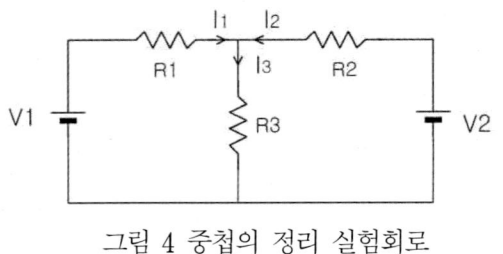

그림 4 중첩의 정리 실험회로

5. 실험 결과

[1] 중첩의 정리 실험 결과

표 1 중첩의 정리 실험 결과

구 분	V1만 인가		V2만 인가		V1과 V2 동시인가	
	이론치	실험치	이론치	실험치	이론치	실험치
I_1[mA]						
I_2[mA]						
I_3[mA]						

구 분	V1만 인가		V2만 인가		V1과 V2 동시인가	
	이론치	실험치	이론치	실험치	이론치	실험치
$V_{R1}[V]$						
$V_{R2}[V]$						
$V_{R3}[V]$						

6. 실험 결과 분석 및 검토

[1] 표 1의 결과에서 V1만 인가한 경우와 V2만 인가한 경우의 합이 V1과 V2를 동시에 인가한 경우 전류, 전압값과 일치하는지 별도표를 만들어 확인하여 보아라.

[2] 실험 결과 중첩의 정리가 성립하는가?

2-5. 테브닌 정리(Thevenin's Theorem)

1. 실험목표

◦ 실험을 통한 테브닌 정리(Thevenin's Theorem)의 확인

2. 소요장비 및 부품

	장 비	부 품
1	Universal System	직류전원공급기, 디지털 멀티미터
2	아날로그 멀티미터	
3	Bread Board	
4	저 항	100,220,330,470×2, 1k

3. 실험이론

테브닌 정리(Thevenin Theorem)

테브닌 정리는 임의의 회로망에 연결된 2단자 임피던스 소자 Z_L에 흐르는 전류는 그 회로망을 전압전원 V'과 임피던스 Z'으로 표시되는 테브닌 등가회로로 대치하였을 때 소자 Z_L에 흐르는 전류와 같다는 것이다. 이때 등가전압 전원 V'은 회로망에 연결된 임피던스 소자 Z_L을 제거하였을 때 그 단자에 걸리는 전압이고 등가 임피던스 Z'는 회로망 내의 모든 전원을 제거한 후 그 단자에서 측정되는 임피던스이다.

아래 그림으로 테브닌 정리를 설명하여 보자.

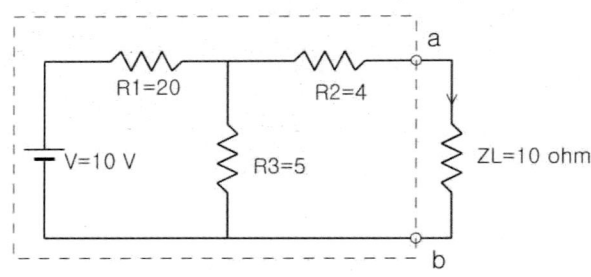

그림 1 테브닌정리 설명 회로

위 회로의 임피던스는 순수한 저항 성분이며 임의의 회로망에 연결된 2단자 소자 Z_L의 임피던스는 10Ω이다. 이 회로를 테브닌 등가회로로 대치하는 경우 테브닌 등가 전압 V'는 임피던스 Z_L을 회로에서 제거하였을 때 단자 a, b에 나타나는 전압이다. 이 전압은 R_2 저항으로 전류가 흐르지 않으므로

$$V' = V \cdot \frac{R_3}{R_1+R_3} = 10[V] \frac{5}{20+5} = 2V$$

이다.

이제 테브닌 등가 임피던스 Z'를 계산하여 보자. 이 임피던스는 회로망 내의 모든 전원을 제거한 상태에서 단자 a, b에서 측정되는 임피던스이다. 전원을 제거할 때 전압전원이 제거되고 전원에 연결된 양 단자는 단락된다. 전류 전원인 경우 양 단자는 개방된다. 위 회로의 전원은 전압 전원이므로 단자 a, b에서 측정되는 저항 Z'는

$$Z' = 4[\Omega] + 20[\Omega] \,/\!/\, 5[\Omega] = 4[\Omega] + \frac{20 \cdot 5}{20 + 5}[\Omega] = 8[\Omega]$$

이 된다. 따라서 위 회로를 Thevenin 등가회로로 대치하면 아래 그림 2의 점선 안 부분과 같다.

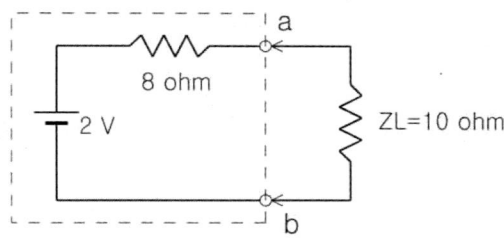

그림 2 테브닌 등가회로

위의 테브닌 등가회로에 외부 부하 임피던스 10Ω을 연결하는 경우 부하에 흐르는 전류는

$$I_L = \frac{2}{8 + 10} = \frac{2}{18} = 0.111\,[A]$$

으로 계산된다.

4. 실험 과정

[1] 그림 3 회로를 구성하여라.(V1 =15[V], R_1 =470[Ω], R_2 =220[Ω], R_3 =330[Ω])

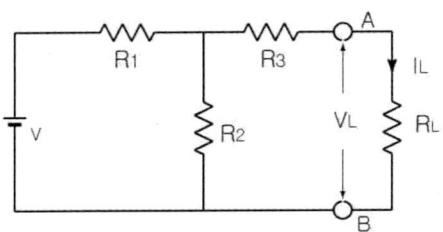

그림 3 테브닌 정리 실험회로 1

[2] 그림 3 회로에서 이론적인 테브닌 등가전원 전압값과 등가저항값을 계산하여 표 1 '이론치' 난에 기록하여라.

[3] 두 단자 A와 B 사이의 부하저항을 제거한 후 두 단자 사이에 인가 되는 테브닌 등가 전압 Vt를 측정하여라. 또 전원을 단락시킨 다음 두 단자 사이에 나타나는 테브닌 등가 저항 Rt를 측정하여 표 1 '측 정치' 난에 기록하여라.(표 1의 실험치는 과정 6에서 기입한다.)

[4] 계산된 등가전원과 등가저항값으로 표 2에 표시된 각 부하저항(470 Ω, 1㏀)에 대한 부하전압과 부하전류를 계산하여 '이론치' 난에 기 록하여라.

[5] 표 2의 각 부하저항(470Ω, 1㏀)에 대하여 V_L과 IL을 측정하여 표 2의 '원회로' 난에 기록하여라.(이때 I_L은 직접 측정하지 말고 V_L을 측정한 값과 R_L을 측정한 값으로 계산하여라. 직접 I_L을 측정하는 것은 전류계의 내부저항 때문에 큰 오차를 유발한다)

[6] 표 1에 기록한 테브닌 등가회로의 이론치 등가전원 및 등가저항을

사용하여 테브닌 등가회로를 구성하여라.(전원값은 전원공급기 전압을 조정하여라. 동일한 등가저항값의 저항이 없는 경우 여러 개의 저항을 조합하여 그 값이 이론치에 최대한 근접하도록 하여라) 실제 사용한 전원 전압과 저항값을 표 1 '실험치' 난에 기입하여라.

[7] 구성된 테브닌 등가회로를 사용하여 표 2의 각 부하 저항(470[Ω], 1[kΩ])에 대하여 V_L과 I_L을 측정하여 표 2의 '테브닌 등가회로' 난에 기록하여라.

[8] 아래 그림 4의 회로에 대하여 상기 실험 과정 1-7을 반복하고 그 결과를 표 3 및 4에 기록하여라.(V=5[V], R_1=100[Ω], R_2=470 [Ω], R_3=330[Ω], R_4=220[Ω])

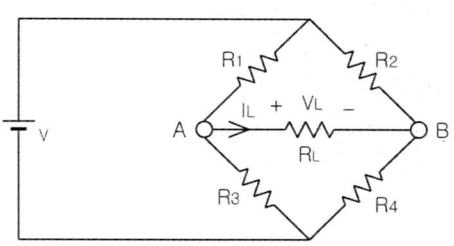

그림 4 테브닌정리 실험회로 2

5. 실험 결과

[1] 실험회로 1의 테브닌 등가회로 전류 및 저항값

표 1 실험회로 1의 테브닌 등가전원 및 저항값

		이론치	측정치	실험치
등가회로	V_t[V]			
	R_t[Ω]			

[2] 실험회로 1의 부하 전압 및 전류값

표 2 각 등가회로의 부하전압 및 부하전류

부하 저항		470Ω	1㏀
이론치	전압[V]		
	전류[mA]		
원회로	전압[V]		
	전류[mA]		
테브닌 등가회로	전압[V]		
	전류[mA]		

[3] 실험회로 2의 테브닌 등가회로 전류 및 저항값

표 3 실험회로 1의 테브닌 등가전원 및 저항값

		이론치	측정치	실험치
등가회로	Vt[V]			
	$R_t[\Omega]$			

[4] 실험회로 2의 부하 전압 및 전류값

표 4 각 등가회로의 부하전압 및 부하전류

부하 저항		470Ω	1㏀
이론치	전압[V]		
	전류[mA]		
원회로	전압[V]		
	전류[mA]		
테브닌 등가회로	전압[V]		
	전류[mA]		

6. 실험 결과 분석 및 검토

[1] 표 1, 3에서 계산한 등가전원, 등가저항값과 측정한 값의 차이는 어느 정도인가? 오차의 원인은?

[2] 표 2와 4의 결과에 대하여 설명하여라.

[3] 전류 측정 시 전류계의 레인지를 바꾸어 측정한 결과 현상을 기술하고 그 원인을 설명하여 보아라.

2-6. 노턴 정리(Norton's Theorem)

1. 실험목표

◦ 실험을 통한 노턴 정리 확인

2. 사용 장비 및 부품

	장　비	부　품
1	Universal System	직류전원공급기, 디지털 멀티미터
2	아날로그 멀티미터	
3	Bread Board	
4	저　항	100, 220, 330, 470×2, 1k

3. 실험이론

가. 노턴(Norton) 정리

노턴 정리는 임의의 회로망에 연결된 2단자 임피던스 소자 Z_L에 흐르는 전류는 그 회로망을 전류 전원 I'과 임피던스 Z'으로 표시되는 노턴 등가회로로 대치하였을 때 소자 Z_L에 흐르는 전류와 같다는 것이다. 이때 등가 전류전원 I'는 회로망에 연결된 임피던스소자 Z_L을 단락하였을 때 그 가지에 흐르는 전류와 같고 등가 임피던스 Z_L은 회로망 내의 모든 전원을 제거한 후 그 단자에서 측정되는 임피던스이다. 아래 그림 1로 노턴 등가회로를 설명하여 보자. 이 회로는 테브닌 정리 설명 시 사용한 회로와 동일하다.

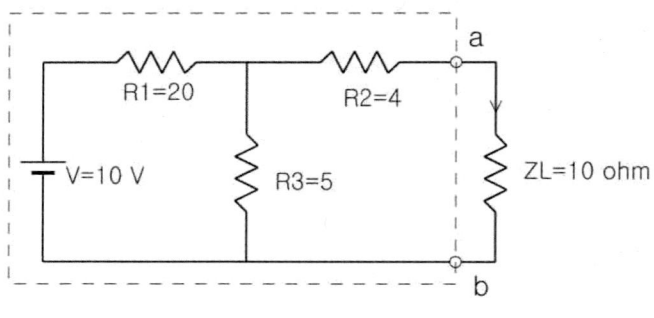

그림 1 노턴정리 설명 회로

위 회로의 임피던스는 순수한 저항성분이다. 회로망 내의 단자 a, b에 연결된 2단자 임피던스 Z_L는 10Ω이다. 이 회로를 노턴 등가회로로 대치하는 경우 노턴 등가전류 I'는 임피던스 Z_L을 회로에서 제거하고, a, b를 단락할 때 흐르는 전류이다. 이때 전류를 계산하여 보자.

먼저 a, b를 단락한 상태에서 전체 저항 Z는

$$Z = R_1 + R_2 \mathbin{/\!/} R_3 = 20 + \frac{4 \cdot 5}{4+5} = 22.222 \,[\Omega]$$

이다.

따라서 전원전압 V가 공급하는 전체 전류 I_T는

$$I_T = \frac{V}{R_T} = \frac{10}{22.2222} = 0.45 [A]$$

이다.

단자 a, b 사이, 즉 R_2 를 흐르는 전류 I'는

$$I' = \frac{R_3}{R_2 + R_3} \cdot I_T = \frac{5}{4+5} \cdot 0.45 [A] = 0.25 [A]$$

이다.

노턴 등가 임피던스 Z'는 회로 내의 모든 전원을 제거하고 단자 a, b에서 측정되는 임피던스이다. 이 계산은 앞 장 테브닌 등가회로의 경우와 동일한 회로를 사용하였으므로 결과도 동일하다. 계산 과정은 앞 장을 참고하여라. 계산 결과 Z'은 8Ω이었다. 위의 계산 결과로 Norton 등가회로를 그리면 아래 그림 2와 같다.(Norton 등가회로는 점선 안 부분)

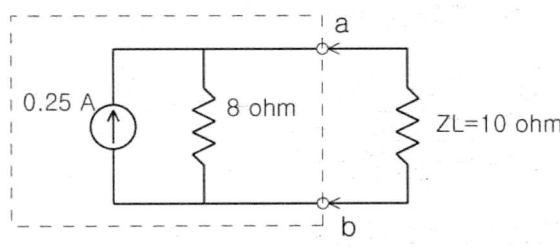

그림 2 Norton 등가회로

위 회로에서 외부 부하 임피던스 10Ω에 흐르는 전류는

$$I_L = \frac{8}{10 + 8} \cdot 0.25\,[A] = 0.111\,[A]$$

로 앞 장에서 계산한 테브닌 등가회로의 경우와 동일하다.

나. 테브닌과 노턴 등가회로의 상호 변환

동일한 회로망을 테브닌 혹은 노턴 등가회로로 변환할 수 있다. 이것은 두 등가회로가 서로 내용상 동일함을 뜻하며 그 표시 방식이 다를 뿐이다. 따라서 두 회로는 서로 변환이 가능하다. 외부 임피던스를 등가회로에 연결하였을 때 부하에 흐르는 전류는 동일하여야 한다. 노턴 등가회로를 앞 장 테브닌 등가회로와 비교하여 보자. 테브닌 회로의 등가 저항은 전압 전원과 직렬 연결되고 노턴 등가회로의 등가 저항은 전류 전원과 병렬연결된다. 내부 저항은 테브닌 등가회로로 표현하든 노턴 등가회로로 표현하든 동일하다.

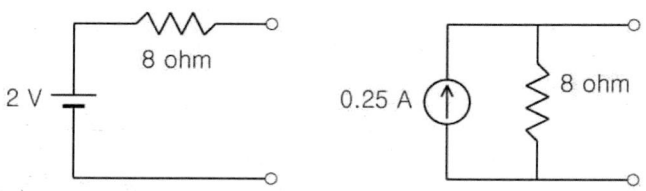

그림 3 테브닌 및 노턴 등가회로의 상호 변환

노턴 등가전류원의 전류 I'는

$$I' = \frac{V'}{Z'}$$

으로 테브닌 등가 전압값을 내부 저항으로 나눈 값이며, 테브닌 등가 전
압원의 전압 V'는

$$V' = I'Z'$$

로 노턴 등가전류값에 내부 저항값을 곱한 값이다.

4. 실험과정

[1] 아래 그림 4 회로를 구성하여라.(V1 =15[V], R_1 =470[Ω], R_2 =220[Ω],
    R_3 =330[Ω])

[2] 그림 4 회로에서 이론적인 노턴 전원의 등가 전류값과 등가 저항값
    을 계산하여 표 1 '이론치' 난에 기록하여라. 그리고 노턴 등가회로
    를 실험 결과 [2]항 빈칸에 그려라.

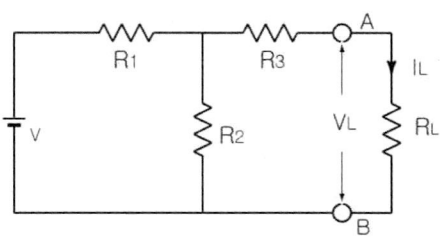

그림 4 노턴정리 실험회로 1

[3] 그림 4 회로의 전원을 연결하고 부하저항을 단락시킨 후 이 두 단
    자(A, B) 사이에 흐르는 전류를 측정하여 표 1의 '측정치' 난에 기
    록하여라.

[4] 그림 4 실험회로의 전원과 부하저항 R_L 을 제거하고 단자 A, B 사
    이의 저항을 측정하여 표 1의 '측정치' 난에 기록하여라.(전원 V는

단락되어야 한다.)

[5] 계산된 등가 전원과 등가 저항값으로 표 2에 표시된 각 부하저항
   (470Ω,1KΩ)에 대한 부하전압과 부하전류를 계산하여 표 2의 '계산
   치' 난에 기록하여라.

[6] 그림 4 실험회로에서 부하저항으로 470Ω과 1KΩ을 사용한 경우 V_L
   과 I_L을 측정하여 표 2의 '원회로' 난에 기록하여라.

[7] 아래 그림 5 회로를 구성하여라.(V=5[V], R_1=100[Ω], R_2=470
   [Ω], R_3=330[Ω], R_4=220[Ω])

[8] 상기 실험 과정 1-6을 반복하고 그 결과를 표 3 및 표 4에 동일한
   방법으로 기록하여라.

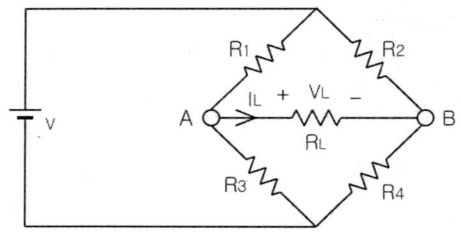

그림 5 노턴정리 실험회로 2

5. 실험결과

[1] 실험회로 1의 노턴 등가회로 전류 및 저항값

표 1 실험회로 1의 노턴 등가전원 및 저항값

		이론치	측정치
등가회로	It[mA]		
	R_t[Ω]		

[2] 실험회로 1의 노턴 등가회로

[3] 실험회로 1의 부하 전압 및 전류값

표 2 노턴 등가회로의 부하전압 및 전류

부하 저항		470 Ω	1 KΩ
계산치	전압[V]		
	전류[mA]		
원회로	전압[V]		
	전류[mA]		

[4] 실험회로 2의 노턴 등가회로 전류 및 저항값

표 3 실험회로 2의 노턴 등가전원 및 저항값

		이론치	측정치
등가회로	It[mA]		
	R$_t$[Ω]		

[5] 실험회로 2의 노턴 등가회로

[6] 실험회로 2의 부하 전압 및 전류값

표 4 노턴 등가회로의 부하전압 및 전류

부하 저항		470 Ω	1 KΩ
계산치	전압[V]		
	전류[mA]		
원회로	전압[V]		
	전류[mA]		

4. 실험결과 검토 및 고찰

[1] 표 1과 3에서 계산한 등가전원, 등가 저항값과 측정한 값의 차이는
    어느 정도인가? 오차의 원인은?
[2] 표 2와 4에서 계산한 전류값과 측정한 전류값이 다른가? 원인을 설
    명하여 보아라. 계산치와 비교한 측정치의 오차를 %로 표시하여라.
[3] 2가지 회로의 노턴 등가회로에 470[Ω]과 1K[Ω] 부하를 연결하였
    을 때 전류를 계산하여 표 2 및 표 4에 기입한 계산치, 측정치와
    비교하여 보아라.

2-7. 최대 전력 전송

1. 목 적

∘ 직류 회로에서의 전력 개념 이해
∘ 회로에 접속된 부하에 최대 전력을 전송하기 위한 조건 이해

2. 실험장비 및 부품

	장 비	부 품
1	Universal System	직류전원공급기, 디지털 멀티미터
2	아날로그 멀티미터	
3	Bread Board	
4	저 항	49,100,220,470,680,1k×2, 1.2k,1.5k,2k,4.7k,10k,47k

3. 실험이론

전력은 Watt[W]로 측정되며 일률, 즉 단위 시간당하는 일의 양으로 정의된다. 전류 I가 저항성 부하 R을 통하여 흘러 전압 V를 발생시키는 경우 전력은

$$P = V \cdot I = I^2 \cdot R = \frac{V^2}{R}$$

로 표현된다.

앞 장에서 임의의 회로망은 테브닌 및 노턴 등가회로로 대치될 수 있음을 알았다.

노턴 및 테브닌 등가회로는 내부 저항을 포함하고 있다. 이 회로의 외

부에 부하저항 R_L이 연결되는 경우 등가회로의 전원에서 부하저항에 공급하는 전력 P는 부하 저항값에 따라 달라진다. 실용 시스템에서 가능하면 최대 전력을 신호원에서 부하에 전달하는 것이 바람직하다. 오디오 증폭기인 경우 그 부하로 연결된 스피커에 최대 전력을 전달하는 것이 효율적이다. 신호원을 테브닌 등가회로로 대치하면 저항성 부하가 연결된 경우 회로는 아래 그림과 같다.

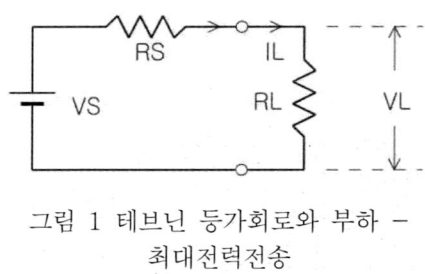

그림 1 테브닌 등가회로와 부하 -
최대전력전송

이때 부하 R_L 에 소모되는 전력은

$$P_L = I_L \cdot V_L = V_L^2 \cdot \frac{1}{R_L}$$
$$= (\frac{R_L}{R_S + R_L} \cdot V_S)^2 \cdot \frac{1}{R_L}$$
$$= \frac{R_L \cdot V_S^2}{(R_S + R_L)^2}$$

이 된다. 부하 R_L에 전달되는 전력 P_L이 최대가 되는 R_L 값은

$$\frac{\partial P_L}{\partial R_L} = 0$$

가 되는 R_L을 구하면 된다. 위 식을 계산하면 $R_L = R_S$일 때, P_L 이 최대가 된다. 이때 부하 R_L과 전원은 정합 상태가 되었다고 한다. 이때 부하 R_L에서 소모되는 전력은

$$P_{L(MAX)} = \frac{R_L \cdot V_S^2}{(R_S + R_L)^2} = \frac{R_L \cdot V_S^2}{(2R_L)^2} = \frac{1}{(4R_L)} \cdot V_S^2$$

이 되며 $R_S = R_L$ 이므로 전원의 내부 저항 R_S에서도 동일한 전력이 소모된다. 전원이 공급하는 전력이 R_L과 R_S에서 동일하게 소모되므로 전원이 공급하는 전력은

$$P_S = 2 \cdot P_{L(MAX)} = \frac{1}{2R_L} \cdot V_S^2$$

이 되고 이때 전달 효율 η는

$$η = \frac{P_{L(MAX)}}{P_S} = \frac{1}{2} = 50\%$$

가 된다. 아래 그림 2는 R_L과 R_S의 상대적인 크기에 따른 부하 전력 전달 특성 곡선을 보여준다. $R_S = R_L$이 될 때 부하저항에 최대전력이 전달됨을 알 수 있다.

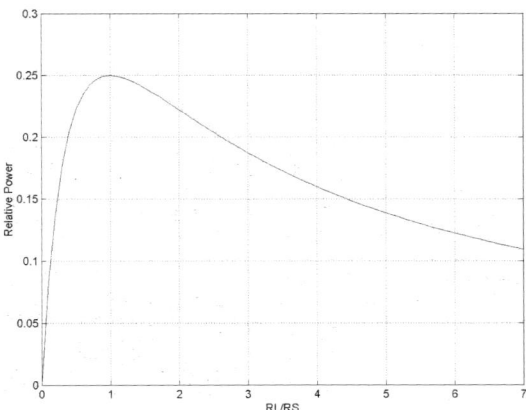

그림 2 신호원 내부저항과 부하저항 비에 따른
전력전달 특성 곡선

4. 실험 방법

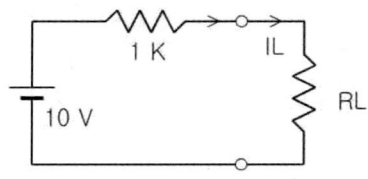

그림 3 최대전력 전달 특성 실험

[1] 그림 1과 같은 회로를 구성하여라.($V=10[V]$, $R_l=1k$)

[2] 아래 1 표에 기록된 부하 저항값으로 R_L을 변화시켜가면서 R_L 양단의 전압을 측정하여 표에 기록하여라.

[3] 표 1의 결과로 부하에 전달되는 전력 변화를 그래프로 그려라.

5. 실험 결과

표 1 최대 전력 전달 특성 측정표

부하저항[Ω]	49	100	220	470	68	1k	1.2k	1.5k	2k	4.7k	10k	47k
부하전압[V]												
부하전류[mA]												
부하전력[W]												

6. 실험 결과 분석 및 검토

[1] $\dfrac{\partial P_L}{\partial R_L}=0$ 식을 풀어 $R_L=R_S$일 때, P_L이 최대가 됨을 증명하여라.

[2] 전원이 공급하는 전력의 절대 크기는 전원의 내부 저항과 어떤 관계가 있는가?

[3] 실험 과정 3에서 그린 그래프가 그림 2와 일치하는가? 일치하지 않으면 그 이유를 설명하여 보아라.

2-8. 전압 배율기, 전류 분류기

1. 목 적

∘ 전류계의 특성 이해, 내부저항, 풀 스케일 편향 전류의 의미 이해
∘ 전압계 전류계의 측정 범위 확대를 위한 배율기, 분류기 원리 이해
∘ 계측기 내부 저항에 의한 오차 발생 요인 이해

2. 사용장비 및 부품

	장 비	부 품
1	Universal System	직류전원공급기, 디지털 멀티미터
2	아날로그 멀티미터	
3	Bread Board	
4	저 항	33×2,100×2,330×3,1k,4.7k,10k,200k×2

3. 실험이론

회로 내 소자에 걸리는 전압, 전류, 저항값의 정확한 측정은 회로 동작 확인을 위하여 꼭 필요하다. 이 측정을 위하여 다양한 계측기가 사용될

수 있으나 가장 초보적이고 간단하며 널리 사용되는 기기는 아날로그 혹
은 디지털 멀티미터이다. 이 계측기의 동작원리는 실험 2-1 과정에서 이
미 다루었다. 이번 실험에서는 그 기능을 확장하는 경우 계측기가 가지는
제한 요소들에 대하여 실험한다.

  아날로그 전류계의 구동 부분은 영구자석 사이에 회전하도록 고정되어
있는 가동 코일(coil)이다. 이 코일은 내부 저항을 가지고 있다. 또 코일에
일정 전류를 흘리면 코일에 의해 형성된 자장과 영구자석에 의한 자장의
상호작용으로 가동코일이 회전하여 그에 부착된 계기 바늘이 계기판의 눈
금을 가리킨다. 눈금이 최대치를 가리킬 때 미터에 흐르는 전류를 최대 편
향전류라고 한다. 이 미터를 전류계로 사용하는 경우 최대 편향 전류까지
측정 가능하고 전압계로 사용하는 경우 내부저항과 최대 편향전류의 곱으
로 표현되는 전압까지 측정할 수 있다. 그러나 아날로그 멀티미터처럼 대
부분의 계측기는 다양한 전류, 전압값을 측정하도록 제작한다. 전압, 전류
계의 측정 범위를 확장하기 위하여 전압분배기와 전류분류기가 필요하다.
구동부를 포함하는 미터 자체만을 등가회로로 표시하면 아래와 같다.

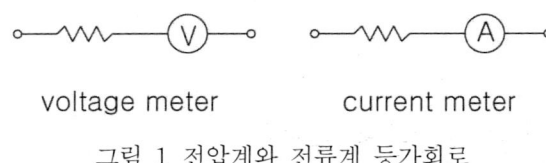

voltage meter   current meter

그림 1 전압계와 전류계 등가회로

가. 전압분배기

  최대 편향전압이 100[mV], 내부저항이 10[Ω]인 미터는 단독으로 사용
되는 경우 100[mV] 이상 전압은 측정할 수 없다. 그러나 분압 회로를 사
용하면 측정 전압 범위를 증가시킬 수 있다.

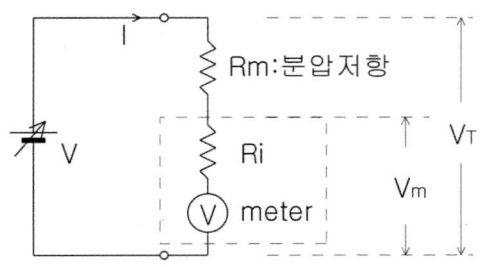

그림 2 전압 측정 미터의 분압회로

위 회로에서와 같이 내부저항 R_i인 미터와 직렬로 분압저항 R_m을 연결하면

$$\frac{V_T}{V_m} = \frac{R_m + R_i}{R_i} = 1 + \frac{R_m}{R_i} = M$$

가 된다. 이때 V_T는 본래 미터에 R_m을 직렬로 연결하는 경우 측정 가능한 전압값이 된다. 즉 전압계의 측정 범위를 M배 증가시키려면

$$R_m = R_i(M-1)$$

이 되는 저항 R_m을 미터와 직렬연결시키면 된다.

나. 전류 분류기

전압계에 분압저항을 직렬연결하여 전압 측정 범위를 증가시키는 것과 같이 미터를 전류계로 사용하는 경우도 분류 저항을 병렬로 연결하여 전류 측정 범위를 증가시킬 수 있다.

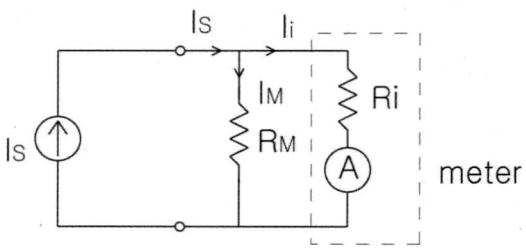

그림 3 전류 측정 미터의 분류회로

위 회로에서 내부 저항 R_i인 미터와 병렬로 분류저항 R_m을 연결하면

$$I_M = I_S \cdot (\frac{R_i}{R_m + R_i})$$

이다.

위 식에서

$$\frac{I_S}{I_M} = \frac{R_i}{R_m + R_i} = 1 + \frac{R_i}{R_m} = M$$

이 된다. 이때 I_S는 미터에 R_m 저항을 병렬로 연결하는 경우 측정 가능한 전류가 된다. 즉 전류계의 측정 범위를 M배 증가시키려면

$$R_m = R_i(\frac{1}{M-1})$$

이 되는 저항 R_m을 미터와 병렬연결시키면 된다.

다. 전압계의 내부 저항 측정

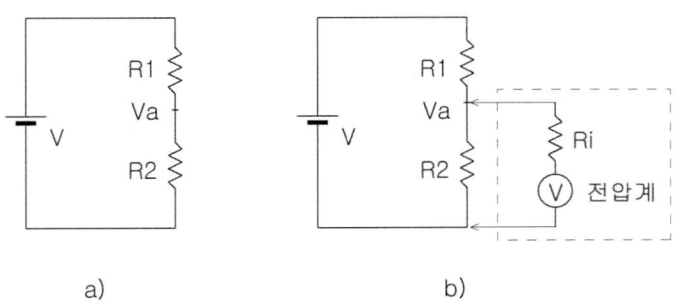

그림 4 전압계 내부저항 측정

위 회로에서 동일한 저항 $R1$과 $R2$를 직렬연결하여 전원 전압 V에 연결하는 경우 a 점의 전압 V_a는 $\frac{V}{2}$가 된다. 그러나 전압계를 연결하는 순간 전압계의 내부저항 R_i 때문에 회로의 등가회로는 그림 4-b와 같이 변하고 a 점의 전압 V_a는

$$V_a = \frac{\dfrac{R_2 \cdot R_i}{R_2 + R_i}}{R_1 + \dfrac{R_2 \cdot R_i}{R_2 + R_i}} \cdot V = \frac{R_1 \cdot R_i}{R_1^2 + 2R_1 R_i} \cdot V$$
$$(R_1 = R2)$$

가 된다. V_a값이 $k \cdot V$가 되면(이때 $k < 0.5$이다)

$$V_a = k \cdot V = \frac{R_1 \cdot R_i}{R_1^2 + 2R_1 R_i} \cdot V$$

가 된다. 위 식에서

$$k = \frac{V_a}{V} = \frac{R_1 \cdot R_i}{R_1^2 + 2R_1 R_i}$$

$$R_1 R_i = k(R_1^2 + 2R_1 R_i)$$

$$R_i = \frac{k}{1-2k} \cdot R_1$$

이 되어 k와 $R1$ 값으로 전압계의 내부 저항 R_i를 계산할 수 있다.

이때 $R1$ 값은 R_i 값과 비교 가능할 만큼 큰 값이어야 한다. $R_1 \ll R_i$인

경우 측정이 어렵다. 아래 표는 k 값에 따른 계수값 $\dfrac{k}{1-2k}$ 값을 보여

준다.

k	0.1	0.15	0.2	0.25	0.3	0.35	0.4	0.45	0.5
$\dfrac{k}{1-2k}$	0.125	0.214	0.333	0.5	0.75	1.166	2	4.5	∞

라. 전류계의 내부저항 측정

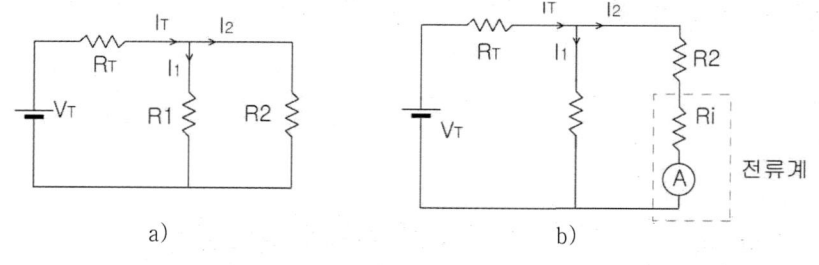

그림 5 전류계 내부저항 측정

위 회로에서 전압전원 V_T에 R_T를 직렬연결하고 R_T에 비하여 상대적

으로 작은 값을 가지는 동일한 저항 R_1과 R_2를 병렬연결하면 $I_1 = I_2$가

된다. 이때 I_2 가지에 전류계를 삽입하면 등가회로는 그림 (b)와 같이 된

다. 회로는 $R_T \gg R_1$ 조건을 만족하여 전류계를 삽입하기 전이나 후의 전

체 전류 I_T 가 변하지 않았다고 가정한다. 이 경우 I_2는

$$\frac{I_T}{2} \text{에서} \quad \frac{R_1}{2R_1+R_i} \cdot I_T$$

로 변한다.

$$k = \frac{R_1}{2R_1+R_i}$$

라 두면

$$I_2 = k \cdot I_T$$

가 된다.

$R_1 = k(2R_1+R_i)$이므로 $R_i = R_1 \cdot (\frac{1-2k}{k})$이다.

아래 표는 k 값에 따른 $\frac{1-2k}{k}$ 변화를 보여준다.

k	0	0.05	0.1	0.15	0.2	0.25	0.3	0.35	0.4	0.5
$\frac{1-2k}{k}$	∞	18	8	4.667	3	2	1.333	0.857	0.5	0

4. 실험 방법

가. 전압계 내부저항 측정

[1] 그림 6 회로를 구성하여라.(VT=10[V], R_{1a}=200[kΩ], R_{1b}= 200[kΩ])

[2] R_{1a}, R_{1b} 값을 측정하여 표 1에 기입하여라.

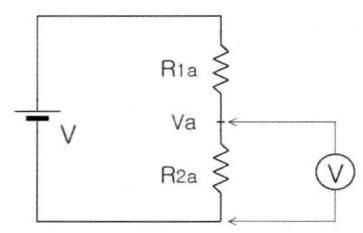

그림 6 전압계 내부저항 측정회로

[3] 전원 전압 V를 측정하여 표 1에 기입하여라.

[4] Va 전압을 측정하여 표 1에 기입하여라.(이때 과정 3 측정 시 사용한 전압계의 전압 선택 스위치는 변화시키지 말아야 한다)

[5] 측정값에서 k 값과 $\dfrac{k}{1-2k}$ 을 계산하여 전압계 내부저항 R_i를 계산하라.

[6] 표 1의 이론값은 전압계 내부저항을 200[kΩ]으로 가정하여 미리 계산하여 보아라.

나. 전류계 내부저항 측정

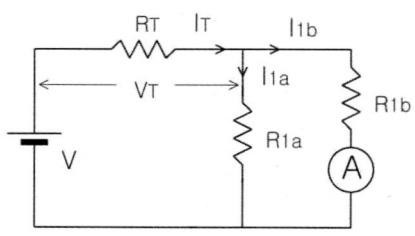

그림 7 전류계 내부저항 측정회로

[1] 그림 7 회로를 구성하여라.(V=25[V], R_T=1[kΩ], R_{1a}=33[Ω], R_{1b}=33[Ω])

[2] 전원 전압 V 를 측정하여 표 2에 기입하여라.

[3] R_T, $R1a$, $R1b$ 저항값을 측정하여 표 2에 기입하여라.

[4] V_T 전압을 정하여 R_T 에 흐르는 전류 I_T 를 계산하여라.

[5] I_{1b} 전류를 측정하여 K 값과 k/(1-2k)를 계산하여라.

[6] 전류계 내부저항 Ri 를 계산하여라.

[7] R$_T$=10[kΩ], R$_{1a}$=100[Ω], R$_{1b}$=100[Ω]으로 교체한 후 위 과정
   [1]-[6]을 반복하고 그 결과를 표 3에 기입하여라.

다. 전류계 분류기

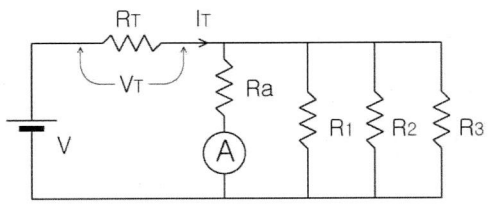

그림 8 전류 분류기 실험회로

[1] 그림 8 회로를 구성하여라.(V=10V 추후 조정, R$_T$=4.7[kΩ], Ra=100
   [Ω], R$_1$=R$_2$=R$_3$=330[Ω])

[2] 처음 구성 시 저항 Ra 와 전류계만 연결하고 R_1, R_2, R_3 은 연결하
   지 않는다.(이때 저항 Ra 값은 실험 과정 4에서 측정한 저항값(표
   2의 RT=10K일 때 Ri 값)과 330[Ω]의 차이 값으로 한다. 정확한
   값을 갖는 저항이 없으면 가용한 저항을 조합하여 최대한 근사 값
   으로 한다. 과정 [1]의 Ra=100[Ω] 값은 Ri 값이 230[Ω]인 경우를
   가정한 것이다)

[3] 전원 전압 V를 조정하여 전류계 지시값이 2[mA]가 되도록 하여라.

[4] 전류계의 지시값을 읽어 표 4에 기록하여라.

[5] R_1을 추가로 그림과 같이 연결하고 전류계 지시값을 읽어 표 4에 기록하여라.

[6] R_2와 R_3을 각각 차례차례 추가로 연결하여 전류계 지시값을 읽은 후 표 4에 기록하여라.

5. 실험 결과

[1] 전압계 내부저항 측정

표 1 전압계 내부저항 측정
(이론값은 전압계 내부 저항을 200[kΩ]으로 가정하여 계산하여라)

	R_{1a}	R_{1b}	V	Va	k	$\dfrac{1-2k}{k}$	Ri
이론값							
측정값							

[2] 전류계 내부저항 측정

표 2 전류계 내부저항 측정
(이론값은 전압계 내부 저항을 33[Ω]으로 가정하여 계산하여라)

	V	VT	R_T	IT	R_{1b}	R_{1b}	k	k/(1-2k)	Ri
이론값									
측정값 (R_T=1K)									
측정값 (R_T=10K)									

표 3 전류계 내부저항 측정 ($R_{1a}=R_{1b}=100[\Omega]$인 경우)

	V	VT	R_T	IT	R_{1b}	R_{1b}	k	k/(1-2k)	Ri
이론값									
측정값 (R_T=1K)									
측정값 (R_T=10K)									

[3] 전류계 분류기 측정

표 4 전류계 분류기 실험 결과

	It	전류계 지시전류[mA]			
		전류계만 연결	R_1 연결	R_2 연결	R_3 연결
이론값					
측정값					

6. 실험 결과 분석 및 검토

[1] 측정한 전압계의 내부 저항값은?

[2] 전압계 내부 저항 측정 실험에서 측정한 전압계의 실제 내부 저항 값보다 2배 큰 내부 저항을 가진 전압계를 사용한 경우 측정 전압 값을 계산하여 보아라.

[3] 측정한 전류계의 내부 저항값은?

[4] 전압계 내부 저항과 전류계 내부 저항의 차이는? 이 차이가 전압, 전류 측정 시 미치는 영향은?

Part Ⅲ

교류회로 실험

3-1. 오실로스코우프(Oscilloscope) 및
신호발생기(Function Generator) 사용법

1. 목 적

∘ 오실로스코우프의 동작 원리를 이해하고 그 사용 방법을 익힌다.
∘ 신호발생기의 기능과 사용 방법을 익힌다.

2. 사용 장비 및 부품

	장 비	부 품
1	Universal System	직류전원공급기, 디지털 멀티미터
2	아날로그 멀티미터	
3	Bread Board	
4	오실로스코우프	

3. 실험 이론

가. 오실로스코우프(Oscilloscope)

오실로스코우프는 신호 파형을 CRT(Cathod Ray Tube) 화면에 표시하여 주므로 신호를 관측하고 그 특성을 분석하는 데 널리 사용되는 중요한 계측기이다. CRT 내에는 전자빔을 생성하고 집속, 가속하는 전자총과 전자총에서 발생된 전자빔의 방향을 조절하는 수평과 수직 편향판이 있다. 수평 편향판은 전자빔을 일정한 속도로 수평방향으로 편향되게 한다. 이때 수직 편향판에 관측하려는 신호를 적절한 크기로 증폭 혹은 감폭하여 인가하면 전자빔은 입력신호의 크기에 따라 수직 방향으로 편향되고 그 결과 신호의 궤적이 화면에 표시된다. 오실로스코우프는 비교적 높은 주파수의 신호 파형을 눈으로 직접 관측할 수 있게 하므로 실험 및 계측에 필수적인 중요한 계측기이다.

□ 음극선관

아래 그림 1은 음극선관의 내부 구조를 보여준다. Heater-cathod에서 발생된 열전자의 양은 제어 격자에 의해 조절된다. 제어 격자를 통과한 전자는 2개의 가속 양극과 집속 양극에 의해 초점이 맞추어지고 고속으로 가속된다. 가속되고 집속된 전자는 빔을 형성하고 이 전자빔은 형광 물질로 도포된 스크린에 도달하기 전 수평과 수직 편향판에 의해 수평과 수직 방향으로 편향된다. CRT 자체에도 고전압이 인가되어 전자빔은 더욱 가속된다. 가속된 고에너지의 전자빔이 표면에 도포된 형광 물질을 때리면 형광 물질은 빛을 발하게 되고 이 빛과 그 잔상을 스크린을 통하여 관측자가 보게 된다.

□ 오실로스코우프 구성

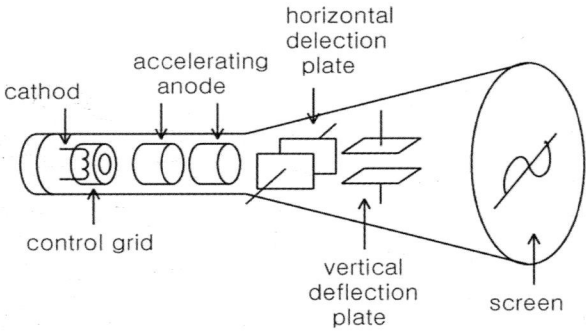

그림 1 CRT 내부 구조도

　　오실로스코우프에서 관측할 수 있는 신호는 동일한 모양의 신호가 일정 주기로 반복된다는 전제에서 동작한다. 1회성 신호를 관측하기 위해서는 축적형(Storage) 오실로스코우프나 디지털 방식의 오실로스코우프를 사용하여야 한다. 오실로스코우프의 전자빔은 매번 수평방향으로 편향을 시작할 때 인가되는 주기 신호의 동일 시작점에서 출발하여야 한다. 이렇게 하여야 매 수평방향 주사 때마다 화면상의 동일한 지점을 전자빔이 주사하게 되고 안정된 화면을 볼 수 있게 된다.

　　그림 2는 오실로스코우프의 계통도이다. 'Probe'를 통하여 입력된 신호는 'Attenuator'와 'Vertical Amplifier'를 통하여 알맞은 크기로 증폭 혹은 감폭되어 수직 편향판에 인가된다. 수평 편향신호 발생을 위하여 'Trigger System'이 필요하다. 이 블록은 입력 신호 주기의 동일한 위치에서 수평 편향신호가 시작하도록 수평 편향신호의 주기를 조절한다. 인가된 신호와 같은 주기를 가지는 수평 편향신호가 'Sweep Generator'에서 발생되면 이 신호를 알맞은 크기로 증폭하여 수평 편향 단자에 인가한다.

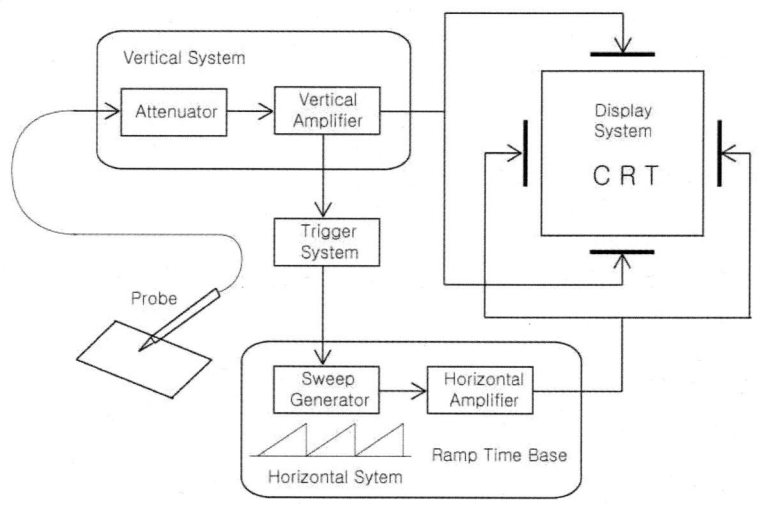

그림 2 오실로스코우프 계통도

□ 수평동기 신호

CRT 화면에 표시되는 신호가 안정되기 위해서는 수평 편향신호의 출발점이 입력신호 주기의 동일점에서 출발하여야 한다. 아래 그림 3과 4는 수평 편향신호가 입력신호의 동일점에서 출발하는 경우와 그렇지 않은 경우를 비교하여 보여준다. 동기된 경우 전자빔은 화면상의 동일점에 주사하게 되어 안정된 화면을 보여주는 반면 동기되지 않은 경우는 전자빔의 궤적이 불규칙하게 되어 안정된 화면을 볼 수 없게 된다.

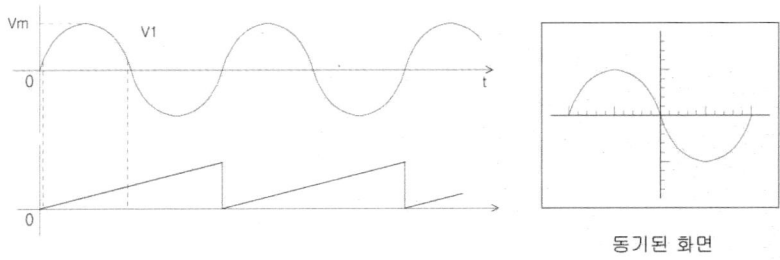

그림 3 수평 편향신호가 동기된 경우 오실로스코우프 화면

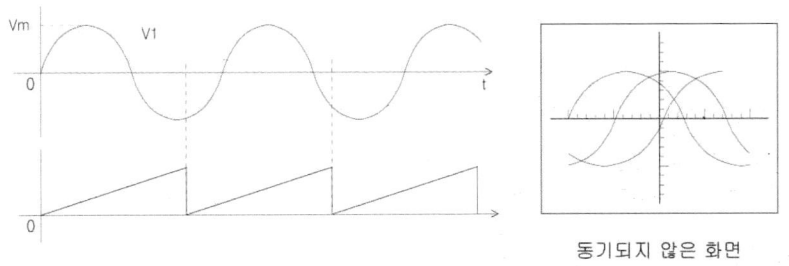

그림 4 수평 편향신호가 동기되지 않은 경우 오실로스코우프 화면

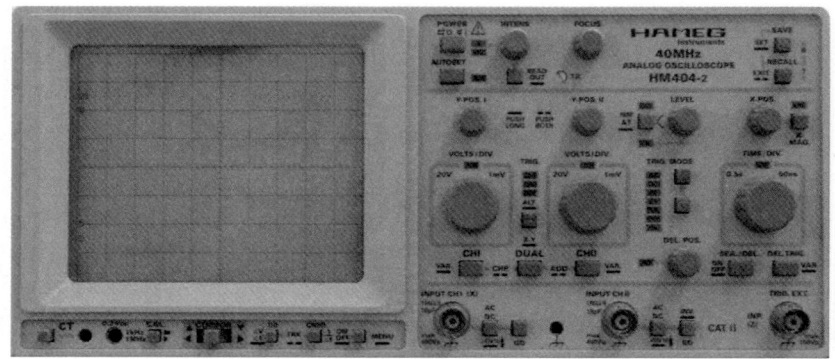

그림 5 오실로스코우프 전면(HAMEG HM 404-2 형)

나. 신호발생기

신호발생기는 정해진 주파수에서 다양한 형태의 신호를 넓은 주파수 범위에 걸쳐 발생시킨다. 주파수 범위는 수 Hz에서 수 MHz까지이다. 발생되는 파형은 정현파, 구형파, 삼각파 등이며 신호파형의 대칭관계도 변화시킬 수 있다. 실험용이므로 출력 전압은 크지 않으나 출력의 정확도와 안정성은 매우 중요하다. 또 출력 전압에 직류 전압을 더할 수도 있다.

다. 교류 신호 파형

교류는 시간에 따라 그 값이 변하는 전기 신호이다. 직류 전압은 단일 값으로 표현되나 교류는 시간적으로 변하고 전압과 전류의 위상이 일치하지 않는 경우도 있으므로 여러 가지 값으로 그 특성을 표현한다.

최대값(Vp): 교류 신호의 단방향 최대 값.
첨두 간 전압(Vp-p): 교류 신호의 첨두 간 전압, Vp*2
실효전압(Vrms): 교류 신호와 동일한 전력을 공급할 수 있는 직류 전

압의 크기

$$V_{rms} = \sqrt{\frac{1}{T} \int_0^T v^2(t)\, dt}$$

rms(root mean square)로 정의된다. 교류 파형이 정현파인 경우

$$V_{rms} = \frac{1}{\sqrt{2}}\, V_P = 0.707\, V_P$$

의 관계가 성립한다.

　평균값(Vavg) : 교류 신호의 산술 평균값

$$V_{avg} = \frac{1}{T} \int_0^T |v(t)|\, dt$$

로 정의되고 파형이 정현파인 경우

$$V_{avg} = \frac{2}{\pi}\, V_P = 0.637\, V_P = 0.9\, V_{rms}$$

인 관계가 성립한다.

　주파수(f) : 교류신호의 단위 시간당 반복회수

　주기(T) : 단위 파형의 지속시간, 주파수의 역수

$$f = \frac{1}{T}$$

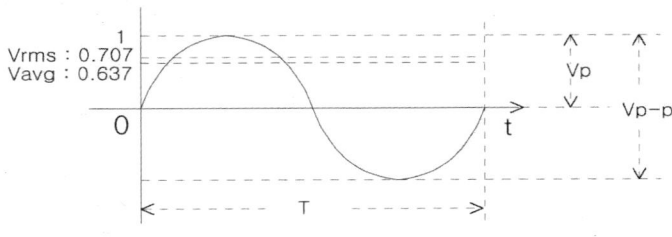

그림 6 교류 신호 파형

4. 실험 과정

아래 실험과정은 HAMEG HM 804-2형 오실로스코우프와 METEX Universal system MS-9160에 포함된 신호발생기를 기준으로 작성되었습니다.

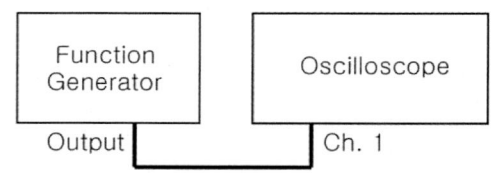

그림 7 오실로스코우프와 신호발생기의 연결

[1] Oscilloscope 점검

TRIG: CHI (CHI.에 불이 켜지지 않으면 'TRIG' 아래의 단추를 눌러 보아라)

TIME/DIV: T: 1msec이 되도록 조정

VOLT/DIV(CHI): 'Y1: 5V=' 이 화면 아래 왼쪽에 표시되도록 조정

[2] Function Generator 점검

AMP: 중앙, 밀어 넣은 상태

Offset: 중앙, 밀어 넣은 상태

SYM: 중앙, 밀어 넣은 상태

조절 다이얼: 0.5 정도

Function: 정현파(SINE)

Freq.: × 1k

50/600: 600Ω

Display: F/G

[3] BNC cable로 Function generator(이하 'FG')의 output 단자(맨 아래쪽 BNC cable단자)와 oscilloscope(이하 OSP)의 input CHⅠ. 단자를 그림 7과 같이 연결하여라.

[4] OSP와 FG의 power 스위치를 'on' 하여라.

[5] OSP의 화면에 정현파가 관측되는지 확인하여라. Y-POS.1 단자를 조절하여 파형을 화면의 중앙에 위치시켜라.

[6] 'CHⅠ.' 단자를 눌러 보아라. 화면에는 CH. Ⅰ.(Channel Ⅰ)의 입력신호만 관측되어야 한다.(이 경우 정현파 신호)

[7] 'CH.Ⅱ.' 단자를 눌러 보아라. 화면에는 CH2의 입력 신호만 관측되어야 한다.(이 경우 신호가 없으므로 가로줄만 보인다.)

[8] Dual 단추를 눌러 보아라. CH1 신호와 CH2 신호가 동시에 관측되어야 한다.

[9] CH1의 'VOLT/DIV' 단자를 조절하여 보아라. 화면에서 신호의 크기가 변하는지 또 화면 아래 왼쪽에 표시된 신호 크기가 'y1: 5V ='에서 1V, 2V, 5V, 10V 단위로 변하는지 확인하여라.(y1: 1V는 화면에서 세로 1눈금 (큰 눈금)이 1V임을 표시한다.)

[10] 'TIME/DIV' 단자를 조절하여 신호의 가로축(시간축)이 변하고 화면 왼쪽 위에 표시된 시간표시(T: 1μsec)가 변하는지 확인하여라.(T: 1μs는 화면에서 가로, 눈금(큰눈금)이 1μsec임을 표시한다.)

[11] 'CH.Ⅰ.'의 'GND' 스위치를 눌러 보아라. 화면에서 파형이 사라지고 가로줄만 보이는 것을 확인하라. 이 줄이 0[V]를 표시한다.(기준점이다.) 여기서 'Y-POS.1' 스위치를 조절하여 0[V] 위치를 원하는 곳으로 이동시켜라.(화면은 정 중앙이 바람직하다.)

[12] 'GND' 스위치를 다시 눌러 화면에 파형이 나타나도록 하여라. 'TRIG' 아래에 있는 'CHⅠ'에 불이 켜진 것을 확인한 후 'ALT' 아래에 있는 단추를 한번 눌러 'CHⅡ'에 불이 켜진 것을 확인하여

라. 화면의 파형은 어떻게 변하는가? 동기가 되지 않아 파형이 흘러야 한다. 다시 스위치를 눌러 'CH.I'에 불이 들어오도록 한 후 파형을 관측하여라. 동기가 되었는가?

[13] 신호발생기의 'AMP' 단자를 조절하여 파형의 크기가 변하는지 확인하여라. 또 'AMP' 단자를 앞으로 당겨 보아라. 신호의 크기가 1/10(-20dB)로 감소하여야 한다. 여기서 오실로스코우프의 'VOLTS/DIV' 스위치를 조절하여 신호가 화면에서 알맞은 크기가 되도록 조절하여 보아라. 신호발생기의 'AMP' 스위치와 오실로스코우프의 'VOLTS/DIV' 스위치를 원래의 상태로 두어라.

[14] 오실로스코우프의 수직축이 'y: 5V='(y1: 5V~이면 CH1의 'AC/DC' 스위치를 눌러 보아라)로 표시되어 있는지 확인하고 신호발생기의 'OFFSET' 스위치를 앞으로 당긴 후 좌우로 조절하여 보아라. 오실로스코우프에서 파형이 아래위로 변하는 것을 확인하여라.

[15] 신호발생기 상단의 'universal counter'(counter 의 'FREQ' 단자에 불이 켜져 있어야 한다. 그렇지 않으면 'FREQ' 스위치를 눌러 불이 켜진 것을 확인하여라.)에 표시된 주파수를 관측하여라. 신호발생기의 'display' 스위치는 'F/G' 위치에 있어야 한다. 신호발생기의 주파수 조절 다이얼을 돌려 주파수가 500Hz가 되도록 조정하여라.

[16] 신호발생기의 'SYM' 스위치를 앞으로 당긴 후 좌우로 조절하면서 파형이 변하는 모양을 관측하여라. 신호발생기의 'Function' 스위치를 '정현파', '구형파', '삼각파'로 변화시키면서 SYM 스위치를 조절하여 파형의 변화를 관측하여라.

[17] 신호발생기의 'AMP' 단자를 조절하여 신호의 크기가 14Vp-p가 되도록 조절하여라. 파형은 정현파가 되도록 하여라.

[18] CRT 화면에 신호와 별도로 점선으로 된 2개의 가로줄 혹은 세로
줄이 나타나는지 확인하여라. 만약 나타나지 않으면 화면 아래에
있는 'CHⅠ/CHⅡ' 스위치를 약 2초간 눌러 보아라. 화면에 점선
줄이 보여야 한다.

[19] 만약 점선 줄이 세로로 나타나면 화면 아래에 있는 'Ⅰ/Ⅱ' 스위치
를 약 2초간 눌러 가로줄이 표시되도록 하여라. 이것을 2-3번 반
복하여 기능을 숙지하여라.

[20] 다음은 화면 아래에 있는 'Ⅰ/Ⅱ' 스위치와 'CHⅠ/Ⅱ' 스위치를 동
시에 눌러 보아라.(오래 누를 필요는 없다.) 가로로 표시된 두 점
선이 변하는 모양을 확인하여라. 동시에 누를 때마다 한 경우는
두 점선의 모양이 같고 다른 한 경우는 두 점선의 모양이 다르
다.(둘 중 하나가 연속적이지 않고 끊어진 점선으로 표시된다.)

[21] 동일한 두 점선이 표시된 상태에서 'cursor' 스위치를 좌우로 눌러
점선이 이동하는 것을 관측하여라. 다시 'Ⅰ/Ⅱ' 스위치와 'CHⅠ/
Ⅱ' 스위치를 동시에 눌러 서로 다른 점선이 표시되게 한 후
'cursor' 스위치를 좌우로 눌러 보아라. 연속된 점선이 이동하고 화
면 오른쪽 위에 표시된 전압이 변하는 것을 확인하라.(△VI: ○○
V로 표시되며 두 점선 사이의 전압을 나타낸다.) 여기서 'Ⅰ/Ⅱ' 스
위치를 누르면(이때는 잠깐만 눌러야 한다.) 두 점선 중 연속된
점선(이동가능한 점선)이 변한다.

[22] 설명한 기능을 이용하여 표시된 파형의 peak-to-peak 전압을 측정
하여라.

[23] 'Ⅰ/Ⅱ' 스위치를 지그시 (2초 이상) 눌러 점선이 세로로 표시되도
록 하여라. 조작 과정은 가로의 경우와 동일하다. 그러나 이 경우
두 점선 사이의 시간을 측정할 수 있다.

[24] 세로축(측정축)으로 시간을 측정하는 경우 'CHⅠ/Ⅱ' 스위치를 누

르면 화면 오른쪽 위에 표시된 시간을 주파수로(혹은 주파수의 역인 시간으로) 표시할 수 있다.

[25] 신호의 peak-to-peak 진폭이 14V, 주파수가 600Hz인지 확인하고 주기를 측정하여 표 1에 기입하여라. 또 아날로그 멀티미터로 전압을 측정하여 표 1에 기입하라.

[26] 신호발생기 파형을 정현파, 구형파, 삼각파로 변화시키면서 아날로그 멀티미터로 측정한 전압을 표 1에 기입하라.

[27] 주파수를 60Hz로 변화시킨 후 오실로스코우프를 조절하여 파형을 확인하면서 과정 25-26을 반복하여라.

[28] 주파수를 6kHz로 변화시킨 후 과정 25-26을 반복하여라.

5. 실험 결과

표 1 파형, 주파수별 주기, 전압측정

주파수＼파형	주기(T)	정현파 전압	구형파 전압	삼각파 전압
60Hz				
600Hz				
6kHz				

6. 실험 결과 분석 및 검토

[1] 표 1의 결과 각 파형에 따라 측정 전압이 다른 이유를 설명하여 보아라.

[2] 구형파와 삼각파의 실효전압과 평균전압을 계산하여 보아라.

3-2. 교류 신호의 위상과 리사쥬(Lissajous) 파형

1. 목 적

∘ 오실로스코우프의 X-Y 동작 기능을 이용하여 리사쥬 파형 측정
∘ 신호의 위상 관계 개념 정립

2. 사용 장비 및 부품

	장 비	부 품
1	Universal System	직류전원공급기, 신호발생기
2	아날로그 멀티미터	
3	Bread Board	
4	가변저항	500VR, 1k VR
5	캐패시터	0.022uF
6	코 일	22mH

3. 실험 이론

가. 리사쥬(Lissajous)파형

오실로스코우프의 2 입력 단자 CH 1과 2에 별도의 신호를 인가하여 2
가지 파형을 시간축에서 관측하는 대신 오실로스코우프를 X-Y 모드로 동
작시켜 CH-1 신호는 X축, CH-2 신호는 Y축을 구동하도록 할 수 있다.
이렇게 하여 화면에 표시되는 파형을 리사쥬(Lissajous) 파형이라고 하며
이 파형을 이용하여 두 신호 간의 주파수, 위상 관계를 알 수 있다. 아래

그림 2는 위상이 다른 동일 주파수의 신호를 X-Y 입력에 인가할 때 화면
에 표시되는 파형을 표시한 것이다. 위상 변화에 따라 직선에서 타원으로
그다음 원으로 변하였다가 다시 다른 방향으로 기울어진 타원을 거쳐 방
향이 변화된 직선으로 변한다. 마지막 그림은 Y축 신호로 주파수가 2배이
고 위상차가 없는 신호를 인가한 경우 리사쥬 파형이다. 리사쥬 파형과
신호의 위상차는 아래 그림 1과 관계식에서 측정할 수 있다.

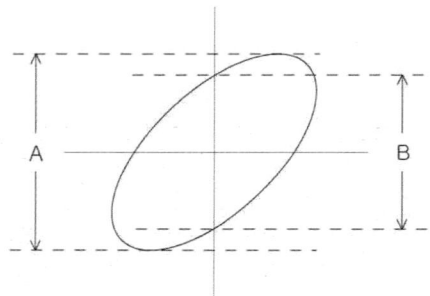

그림 1 리사쥬 파형과 신호 간 위상차

위 그림에서 X축 신호와 Y축 신호 간의 위상차는 $\sin\theta = \dfrac{B}{A}$ 이며다
시 $\theta = \arcsin(B/A)$로 주어진다.

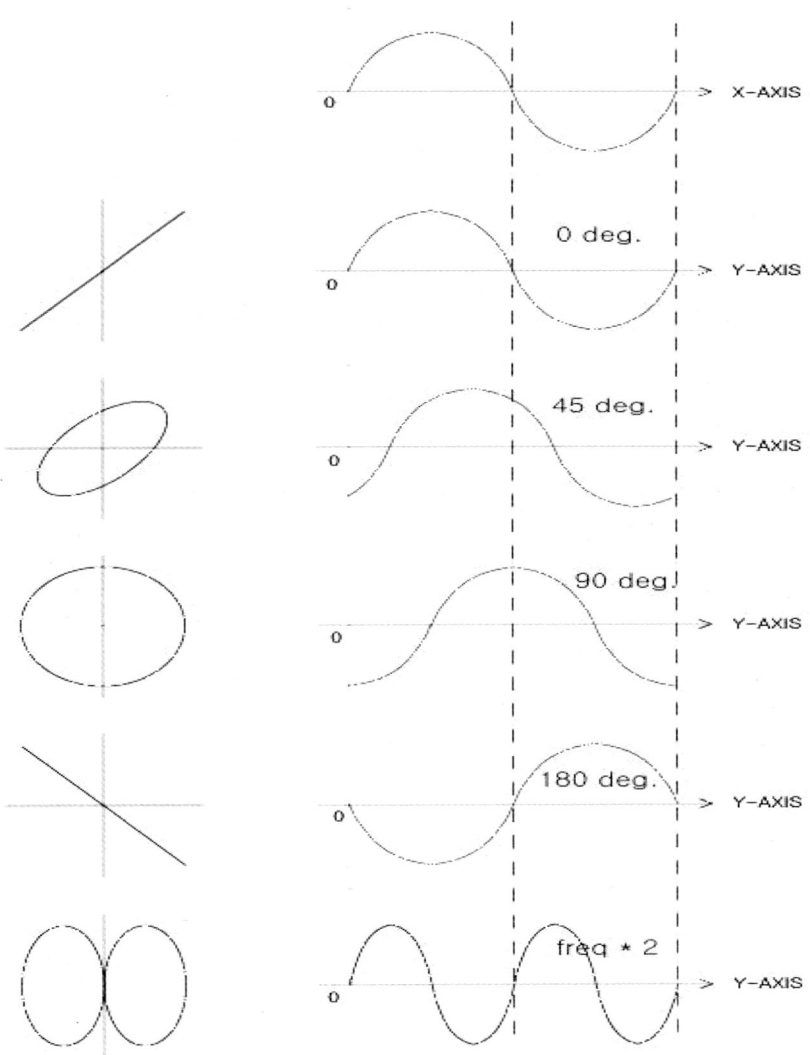

그림 2 X Y 축 신호 간 위상차와 리사쥬 파형

4. 실험 과정

[1] 그림 3과 같은 회로를 브레드보드 위에 구성하여라.(V1: 5 KHz, 2
   Vp-p, VR1: 500 ohm, VR2: 1 K ohm, C1: 0.022 uF, L1: 22 mH)

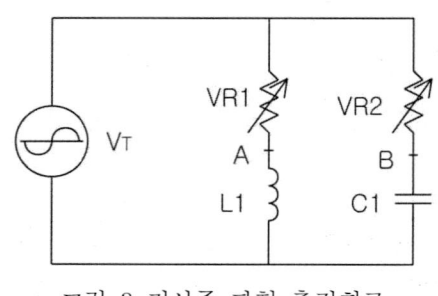

그림 3 리사쥬 파형 측정회로

[2] A와 B를 오실로스코우프의 CH.I과 CH.Ⅱ에 연결하여라. 그리고 오
   실로스코우프를 X-Y Mode에 두어라.(이것은 오실로스코우프 중앙
   에 있는 'DUAL' 스위치를 누르면 된다.(2초 이상 지그시))

[3] 화면에 보이는 파형을 관측하여라. CH.I과 CH.Ⅱ.의 'VOLTS/
   DIV' 스위치를 돌려 화면의 그림이 변하는 모양을 관측하여라. 또
   VR1과 VR2를 중간 위치에 두고 표시되는 리사쥬 파형을 그려라.

5. 실험 결과

[1] 리사쥬 파형

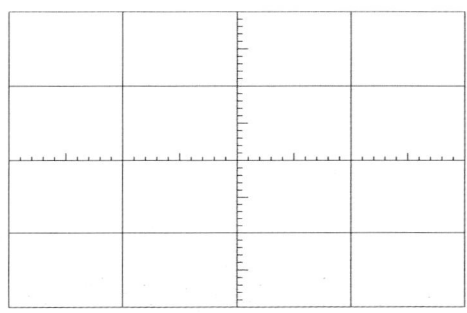

그림 4 리사쥬 파형 측정

6. 실험 결과 분석 및 검토

[1] 그림 4 측정 파형의 위상차를 계산하여라.
[2] 위상차가 90°인 파형의 리사쥬 패턴을 그려라.

3-3. R-C 교류 회로

1. 목　적

∘ RC 회로로 구성된 저역 및 고역 통과 여파기 특성을 이해하고 측정
　을 통하여 확인한다.
∘ RC 회로의 과도현상을 이해하고 측정을 통하여 확인하여 본다.

2. 사용 장비 및 부품

	장 비	부 품
1	Universal System	직류전원공급기, 계수기
2	아날로그 멀티미터	
3	Bread Board	
4	저 항	330
5	캐패시터	0.047uF

3. 실험 이론

가. 주파수 특성(Frequency Characteristics)

모든 전자회로는 각 회로에 고유한 주파수 특성을 가진다. 이러한 특성 중 저역통과와 고역통과 특성을 간단한 RC 회로를 이용하여 살펴보자. 입력에 따른 출력특성을 계산하여 보고 중요한 파라미터의 의미를 알아본다.

아래 그림 1은 RC 저역통과 필터이다. 이 필터에서 입력에 따른 출력전압은

$$v_o = \frac{\dfrac{1}{jwC}}{R + \dfrac{1}{jwC}} = \frac{1}{1+jwRC} = \frac{1-jwRC}{1+(wRC)^2}$$

으로 표시된다. 그러므로 주파수 변화에 따른 출력전압 크기의 변화는

$$|v_o| = [(\frac{1}{1+(wRC)^2})^2 + (\frac{wRC}{1+(wRC)^2})^2]^{\frac{1}{2}} = \frac{1}{\sqrt{1+(wRC)^2}}$$

이 된다.

다음으로 통과 대역 전력의 반이 입력에서 출력으로 전달되는 주파수를

반전력점으로 정의한다. 이 주파수 이상에서는 신호가 전달되지 않는 것으로 가정하여 차단주파수(Cutoff Frequency)라고 하기도 한다. 전력이 반이 되므로 전압은 $1/\sqrt{2}$ 이고 입력전압의 0.707배가 되는 점이다. 또 이 값을 [dB]로 계산하면 $20\log(0.707)=-3$[dB]가 되어 -3[dB] 점이라고 하기도 한다.

위 식에서 -3[dB] 점을 계산하면 $wRC=1$ 이 되는 주파수이므로 $f_C = \dfrac{1}{2\pi RC}$ 로 계산된다.

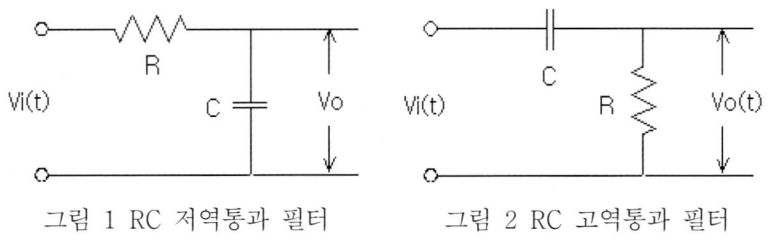

그림 1 RC 저역통과 필터   그림 2 RC 고역통과 필터

고역통과 필터의 구조는 위 그림 2와 같으며 저역통과인 경우와 비교하면 R과 C의 위치가 바뀌어 있다. 이 회로의 주파수 특성도 저역통과 필터와 동일한 과정으로 계산할 수 있다. 출력전압은 아래식과 같고

$$\frac{v_o}{v_i} = \frac{R}{R+\dfrac{1}{jwC}} = \frac{1}{1+\dfrac{1}{jwRC}} = \frac{1+j\dfrac{1}{wRC}}{1+(\dfrac{1}{wRC})^2}$$

주파수 변화에 따른 출력전압 크기 변화는

$$|v_o| = [(\frac{1+(\dfrac{1}{wRC})^2}{(1+(\dfrac{1}{wRc})^2)^2})^{\frac{1}{2}}] = \frac{\sqrt{1+(\dfrac{1}{wRC})^2}}{1+(\dfrac{1}{wRC})^2} = \frac{1}{\sqrt{1+(\dfrac{1}{wRC})^2}}$$

가 되고 차단주파수는

$$f_C = \frac{1}{2\pi RC}$$

가 되어 저역통과인 경우와 동일한 식으로 표시된다.

R = 330[Ω] C = 0.047[uF]인 경우 fc는 10,261 [KHz]로 계산된다.

이 두 경우의 주파수 응답 특성곡선은 아래 그림 3, 4와 같다.

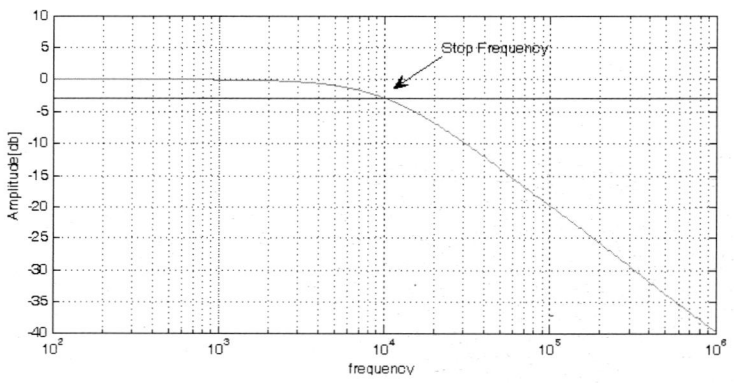

그림 3 저역통과 필터 주파수특성

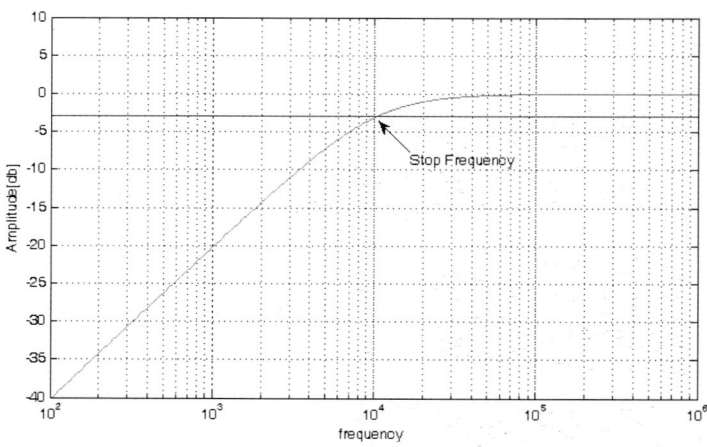

그림 4 고역통과 필터 주파수특성

나. 과도 응답(Transient Response)

캐패시터나 코일과 같은 에너지 저장성 소자를 포함하는 회로는 저항성 회로와 달리 과도응답이라고 불리는 회로 특성을 가진다. 아래 R-C 회로의 특성을 살펴보자.

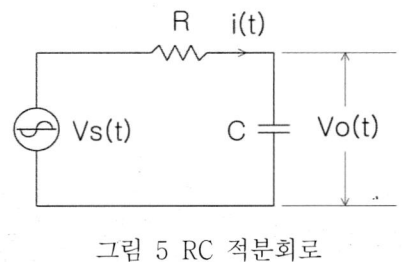

그림 5 RC 적분회로

이 회로의 전압 방정식은 $Vs(t) = R \cdot i(t) + Vo(t)$이다.

캐패시터에서 전류와 전압의 관계는 $i(t) = C \cdot \dfrac{dVo(t)}{dt}$ 이므로

$Vs(t) = RC\dfrac{dVo(t)}{dt} + Vo(t)$가 된다.

$t=0$일 때 $Vo(0) = Vi$이고 입력신호 $Vs(t) = A \cdot U(t)$인 경우 위 식의 해는

$$Vo(t) = A \cdot (1 - e^{-\frac{1}{RC}t}) + Vi \cdot e^{-\frac{1}{RC}t}$$

가 된다.

$Vi = 0$인 경우 $Vo(t) = A \cdot (1 - e^{-\frac{1}{RC}t})$가 된다.

이와 반대로 $t=0$에서 $Vs(t) = 0$가 되고 $Vi = A$인 경우

$Vo(t) = A \cdot e^{-\frac{1}{RC}t}$가 된다.

　　이 두 경우 입출력 파형을 비교하면 아래 그림과 같다. 이 회로는 적분
회로로 불린다. 적분회로는 저역통과 특성을 가진다.

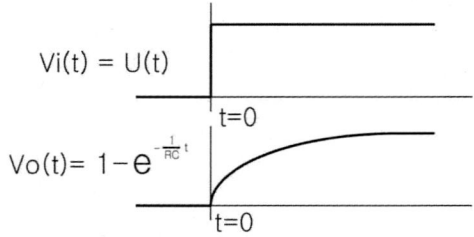

그림 6 RC 적분회로의 단위 계단함수 응답 1

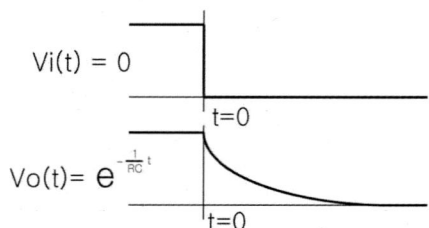

그림 7 RC 적분회로의 단위 계단함수 응답 2

　　이제 아래 그림과 같이 R과 C의 위치가 바뀐 회로의 특성을 살펴보자.

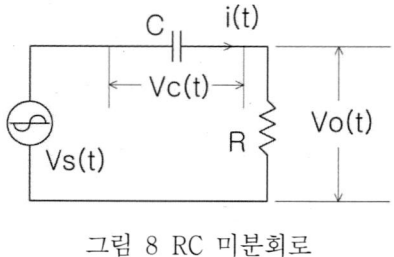

그림 8 RC 미분회로

이 회로의 전압 방정식은

$$
\begin{aligned}
Vs(t) &= Vc(t) + Vo(t) \\
&= Vc(t) + R \cdot i(t) \\
&= Vc(t) + RC \cdot \frac{dVc(t)}{dt}
\end{aligned}
$$

이다. 위 식의 해는 전술한 적분기의 경우와 동일하다. 즉

$$
Vc(t) = A \cdot (1 - e^{-\frac{1}{RC}t}) + Vi \cdot e^{-\frac{1}{RC}t}
$$

가 된다. 이 회로의 출력 $Vo(t)$ 는 $Vo(t) = R \cdot i(t)$ 이고

$i(t) = C \cdot \dfrac{dVc(t)}{dt}$ 이므로

$i(t) = A \cdot \dfrac{1}{R} e^{-\frac{1}{RC}t} - Vi \cdot \dfrac{1}{R} e^{-\frac{1}{RC}t}$ 이 되고

$Vo(t) = A \cdot e^{-\frac{1}{RC}t} - Vi \cdot e^{-\frac{1}{RC}t}$ 가 된다.

단위 계단 함수가 $t = 0$ 에서 인가된 경우와 인가되었던 계단 함수가 제거된 순간 위 회로의 응답은 아래 그림과 같다.

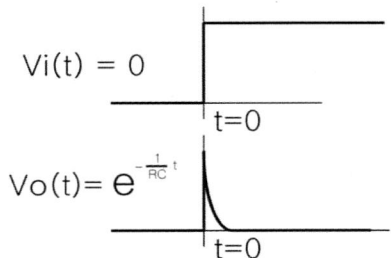

그림 9 RC 미분회로의 단위 계단함수 응답 2

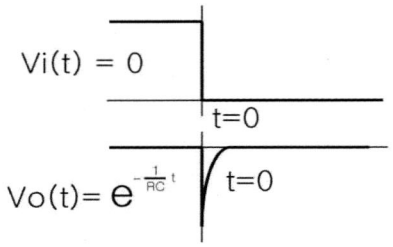

그림 10 RC 미분회로의 단위 계단함수 응답 2

위 그림에서 보인 것과 같이 이 회로의 출력 파형은 입력 파형의 미분함수이다. 따라서 위 회로를 미분회로라고 한다. 미분회로는 고역 통과 특성을 가진다.

4. 실험 과정

[1] 아래 그림 11과 같은 저역통과 필터 회로를 구성하여라. 여기서 입력은 신호발생기를 이용하여 2Vpp에 고정하여라. 실험 중 주파수를 변화시킴에 따라 출력레벨이 변할 수 있다. 출력전압이 항상 2Vpp가 되도록 주파수 변화 때마다 확인하여 조정하여라.

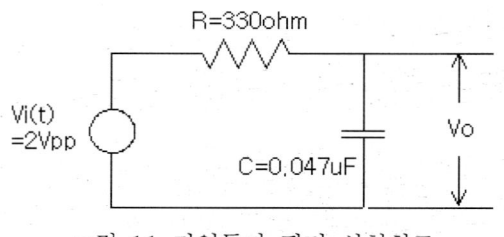

그림 11 저역통과 필터 실험회로

[2] 표 1에 표시된 각 주파수에서 출력전압을 측정하여 기입하여라.

[3] 입력으로 10[KHz], 2[V]인 구형파를 그림 11 회로에 인가하고 그
    출력을 그림 13에 그려라.

[4] 아래 그림과 같은 고역통과 필터 회로를 구성하여라. 여기서 입력
    은 신호발생기를 이용하여 2Vpp에 고정하여라. 실험 중 주파수를
    변화시킴에 따라 출력레벨이 변할 수 있다. 출력전압이 항상 2Vpp
    가 되도록 주파수 변화 때마다 확인하여 조정하여라.

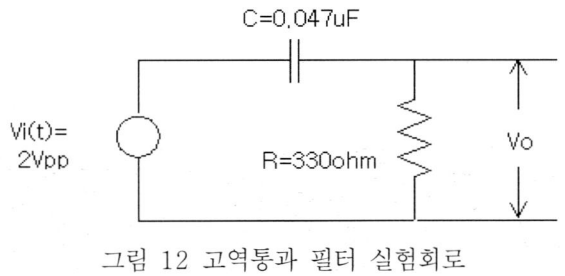

그림 12 고역통과 필터 실험회로

[5] 표 1에 표시된 각 주파수에서 출력전압을 측정하여 기입하여라.

[6] 입력으로 10[KHz], 2[V]인 구형파를 그림 12 회로에 인가하고 그
    출력을 그림 14에 그려라.

5. 실험 결과

[1] 저역 및 고역 통과 여파기 주파수 특성측정

표 1 저역 및 고역 통과 필터 특성

주파수[KHz]	저역통과 필터 출력[Vpp]		고역통과 필터 출력[Vpp]	
	이론치	측정치	이론치	측정치
0.1				
0.5				
1				
2				
3				
4				
5				
6				
7				
8				
9				
10				
11				
12				
13				
15				
20				
40				
60				
100				
500				

[2] 저역통과 필터 구형파 응답

그림 13 저역통과 필터 응답

[3] 고역통과 필터 구형파 응답

그림 14 고역통과 필터 응답

6. 실험 결과 분석 및 검토

[1] 실험 후 표 1의 결과로 저역 및 고역 통과 필터의 주파수 특성을
semi-log 그래프에 그려라. 가로축은 주파수를 로그함수로 표시하고
세로축은 [dB]로 표시하여라. 2Vpp를 0[dB]로 한다.

[2] 이론식으로 계산한 차단 주파수와 실제로 측정한 주파수 특성곡선
에서 확인되는 차단주파수는 얼마나 다른지 확인하고 그 오차를 계
산하여 보아라.

[3] 저역 및 고역 통과 필터의 단위 계단함수 응답 파형에서 시정수를
    계산하여 보아라.

3-4. R-L-C 직렬공진회로

1. 목 적

◦ R-L-C로 구성된 직렬공진회로의 주파수 특성을 이해하도록 한다.
◦ R-L-C 직렬공진회로의 임피던스 변화와 위상각 변화를 확인한다.

2. 사용 장비 및 부품

	장 비	부 품
1	Universal System	직류전원공급기, 계수기
2	아날로그 멀티미터	
3	LCR Metev(SR720)	
4	Bread Board	
5	저 항	330
6	캐패시터	0.047uF
7	코 일	11mH

3. 실험 이론

가. 직렬공진회로의 임피던스

R, L, C가 직렬로 연결된 회로의 임피던스 변화는 각 소자의 임피던스

변화를 합한 것과 같다. 저항의 임피던스는 주파수에 독립적이나 캐패시터와 인덕터(코일)의 임피던스는 주파수의 함수이다. 따라서 전체 임피던스는 주파수의 함수가 된다.

캐패시터의 임피던스는

$$X_C = \frac{1}{j \cdot wC} = \frac{1}{j \cdot 2\pi fC}$$

이다.

캐패시터에 걸리는 전압 V_C는

$$V_C = i_c \cdot X_c = \frac{1}{j \cdot 2\pi fC} \cdot i_c = - \frac{j}{2\pi fC} \cdot i_c$$

가 되어 캐패시터에 걸리는 전압은 캐패시터에 흐르는 전류 i_c보다 위상이 90^0 뒤진다. 이에 반하여 인덕터(코일)의 임피던스는

$$X_L = j \cdot wL = j \cdot 2\pi fL$$

이다.

인덕터에 걸리는 전압 V_L은 $V_L = i_L \cdot X_L = j \cdot 2\pi fL \cdot i_L$이 된다.

즉 인덕터에 걸리는 전압은 인덕터에 흐르는 전류 i_L보다 위상이 90^0 앞선다.

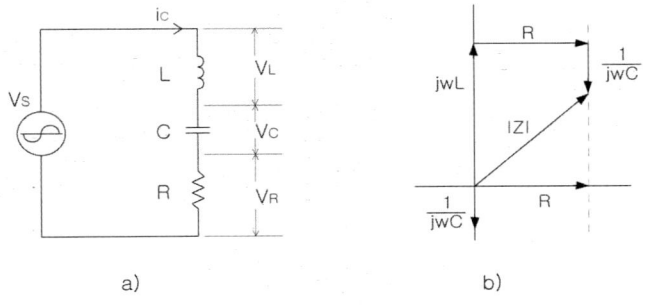

a)   b)

그림 1 R-L-C 직렬공진회로와 임피던스

따라서 R-L-C 직렬회로의 전체 임피던스 Z는

$$Z = R + j \cdot wL + \frac{1}{j \cdot wC} = R + j \cdot (wL - \frac{1}{wC})$$

가 된다.

위 식에서 $wL = \frac{1}{wC}$ 가 되는 $w = w_0$에서 $|Z|$는 최소값이 되며 회로가 공진되었다고 한다. $w_0 = 2\pi f_0$이므로 이때 f_0을 공진 주파수라고 한다.

공진 주파수는

$$w_0 L = \frac{1}{w_0 C}$$

$w_0^2 = \frac{1}{LC}$ 에서 $w_0 = \frac{1}{\sqrt{LC}}$ 가 된다. 따라서 공진 주파수는 $f_0 = \frac{1}{2\pi \sqrt{LC}}$ 가 된다.

위 그림 1-b는 공진회로의 임피던스와 위상각 변화를 보여준다.

회로에 흐르는 전압과 전류는 $V_S = i_0 \cdot Z = i_0 \cdot |Z| \angle \theta$이며

$$|Z| = \left| R + j \cdot (wL - \frac{1}{wC}) \right|$$

$$\theta = \tan^{-1} \frac{(wL - \frac{1}{wC})}{R}$$

이 된다.

나. 선택도(Selectivity)

R-L-C 공진회로의 최대전류 i_M은 $|Z|$가 최소가 되는 값, 즉 $w = w_0$

에서 발생한다. 주파수가 변하여 회로의 전류가 $\frac{i_M}{\sqrt{2}} = 0.707 \cdot i_M$이 되는 주파수가 공진 주파수보다 낮은 경우, 높은 경우 2번 발생한다. 이 주파수를 반전력 주파수라고 한다.

$f > f_0$인 반전력 주파수를 f_U

$f < f_0$인 반전력 주파수를 f_L로 정의하면 회로의 통과 대역폭(BW: Band Width)은 $BW = f_U - f_L$로 정의된다.

R-L-C 공진회로의 선택도(Quality Factor)는

$$Q = \frac{f_0}{BW} = \frac{f_0}{f_U - f_L} = \frac{w_0}{w_U - w_L} = \frac{w_0 \cdot L}{R} = \frac{1}{w_0 RC}$$

로 정의된다.

이것은 공진 때 임피던스 중 R에 의한 성분과 C 혹은 L에 의한 성분의 비(比)이며 이 값이 클수록 공진 주파수 f_0에서 회로에 흐르는 전류 i_M이 급격히 증가한다. 이것은 주파수 선택도가 높아진다는 것을 뜻한다.

4. 실험과정

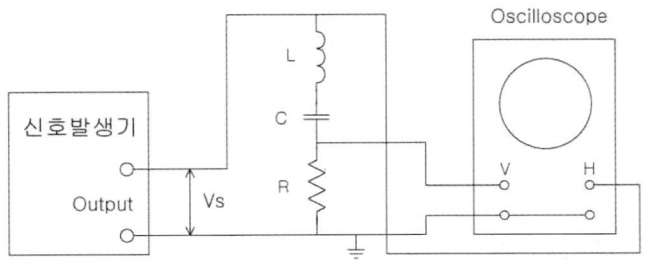

그림 2 R-L-C 직렬공진 실험회로

[1] 그림 2의 회로를 구성하여라. (R=330ohm, C=0.047uF, L=11mH)

[2] 신호발생기의 출력 주파수를 천천히 변화시키면서 오실로스코우프에 나타나는 리사쥬 파형을 관찰하여라. 리사쥬 파형에서 위상이 0° 가 되는 주파수와 ±45°가 되는 주파수를 정확하게 측정하여 표 1에 기입하여라. 신호발생기의 출력전압은 2[Vp-p]를 유지하도록 하여라.

[3] 과정 2에서 측정한 공진 주파수 및 두 개의 반전력 주파수에서 저항, 코일, 캐패시터 전압과 표 2에 표시된 전압을 측정하여 기입하여라. 실험 중 오로스코우프와 신호발생기의 접지는 일치되어야 한다. 이 때문에 L, C, R의 위치를 변경할 필요가 있다. 표의 전류값 I는 VR을 저항값으로 나눈 값이다. 실험 중 신호발생기의 출력전압은 2Vp-p를 항상 유지하도록 확인하여라.

[4] 실험 1에서 측정한 공진 주파수를 fo라 할 때 fo/10에서 fo*10까지 주파수 범위에서 저항 양단의 전압을 측정하여 표 3에 기입하여라.

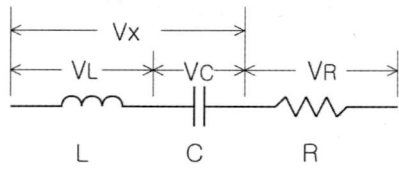

그림 3 R-L-C 회로 측정 전압

5. 실험결과

표 1 공진 및 반전력점 측정

위상(deg.)		- 45	0	+ 45
주파수	이론치(KHz)			
	측정치(KHz)			

[1] 공진 주파수 측정

[2] 공진 및 반전력점 전압

표 2 공진 및 반전력점 소자 전압 측정

위상(deg.)	-45		0		+45	
	이론치	측정치	이론치	측정치	이론치	측정치
주파수(KHz)						
V_R[Vp-p]						
V_L[Vp-p]						
V_C[Vp-p]						
V_X[Vp-p]						
$Vout = [\ V_R^2 + V_X^2\ ]^{\frac{1}{2}}$						
I[mA]						
Z[ohm]						
$\theta = \tan-1 \dfrac{V_X}{V_R}$						

[3] 저항 전압값

표 3 공진회로 주파수 특성 측정

주파수		이론치	측정치
f0*0.1			
f0*0.2			
f0*0.3			
f0*0.5			
f0*0.6			
f0*0.7			
f0*0.8			
f0*0.9			
f0			

주파수		이론치	측정치
f0*1.1			
f0*1.2			
f0*1.4			
f0*1.6			
f0*2			
f0*3			
f0*5			
f0*10			

3. 실험결과 검토 및 고찰

[1] 표 1에서 볼 때 이 회로의 공진 주파수와 반전력 주파수는?

[2] Q 값을 계산하여라.

[3] Vx 전압과 VL 및 Vc 전압을 비교하고 공진 주파수에서 서로의 크기를 비교하여 보아라. 그리고 커지든 작아지든 그 이유를 설명하여 보아라.

[4] 과정 3에서 측정한 저항 양단의 전압으로 그래프를 그리고 그 결과가 표 1의 결과와 일치하는지 확인하여라. 혹 일치하지 않으면 오차의 원인을 분석하여라.

[5] LCR미터(SR720)로 L, C, R 값을 측정하여 공진 주파수를 계산하고 그 결과를 표 3에서 측정한 주파수와 비교하여 보아라.

3-5. 휘스톤 브리지(Whistone Bridge) 실험

1. 실험 목적

◦ 휘스톤 브리지(Whistone Bridge)의 원리를 이해하고 이를 이용하여
  저항 및 L, C를 측정한다.

2. 사용기기 및 부품

	장 비	부 품
1	Universal System	직류전원공급기, 디지털 멀티미터
2	아날로그 멀티미터	
3	Bread Board	
4	오실로스코우프	
5	저 항	330, 470, 1.0k, 1.2k 500VR
6	캐패시터	0.1[uF]
7	인덕터	10[mH]

3. 실험 이론

  지금까지 저항을 측정할 때 Multimeter를 사용하여 측정하였다. 그러나
저항이나 임피던스를 정밀하게 측정하는 방법은 휘스톤 브리지를 이용하
는 것이다. 이것은 미리 값을 알고 있는 표준 저항 혹은 임피던스를 이용
하여 미지의 임피던스를 측정하는 방법이다. 아래 그림은 휘스톤 브리지
를 보여준다. 그림에서 G는 고감도 검류계(Galvanometer)를 표시한다.

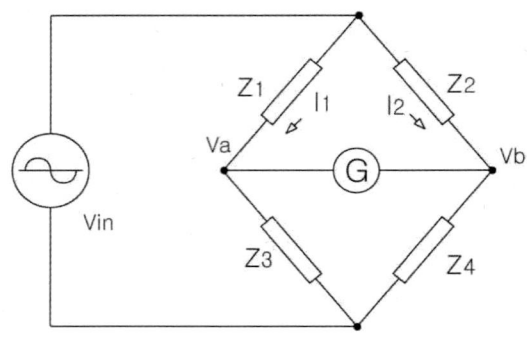

그림 1 휘스톤 브릿지(Whiston Bridge)의 평형
조건

그림에서 검류계에 전류가 흐르지 않는 조건은 Va=Vb가 되는 것이고

$Va = \dfrac{Z3}{Z1 + Z3}$ 이고 $Vb = \dfrac{Z4}{Z2 + Z4}$ 이므로 $Z2 \cdot Z3 = Z1 \cdot Z4$

관계가 성립한다. 이것은 다시 $\dfrac{Z1}{Z3} = \dfrac{Z2}{Z4}$ 로 표시될 수 있다.

4. 실험 과정

[1] 아래 그림 2 회로를 구성하여라.(V1=10[V], R_1=1.0k, R_2=500VR,
   R_3=1.2k, R_4=330)

[2] 회로의 저항 R_1, R_3, R_4 값을 측정하여 표 1에 기록하여 두어라.

[3] 전류계를 그림 2와 같이 연결하고 전류가 0이 되도록 R_2를 조정하
   여라. 전류계의 선택 스위치는 처음에는 큰 전류를 측정할 수 있는
   레인지에서 전류값이 적은 것을 확인한 후 레인지를 줄여 가도록
   하여라. Va와 Vb 중 어느 노드(node)가 + 전압인지 미리 알 수
   없다. 전류계 연결 시 극성에 주의하여라.

[4] R_2를 조정하여 전류계의 전류가 0이 되는 점에서 R_2의 저항을 측정

하여 표 1에 기록하여라.

[5] R₄ 저항을 470[Ω]으로 변경한 후 과정 1-4를 반복하여라.

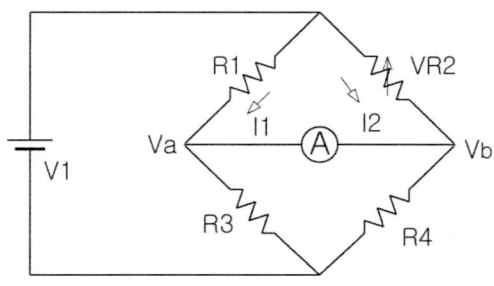

그림 2 휘스톤브릿지 직류 평형 실험회로

[6] 그림 3 회로를 구성하여라.(Va=5Vpp, 1[kHz], R₁=330, L2=10[mH], C3=[0.1uF], R₄=500VR)

[7] VR4를 제외한 각 소자의 값을 측정하여 표 2에 기록하여라. L과 C는 LCR미터(SR720)를 사용하여 측정하여라.

[8] Va, Vb 전압을 오실로스코우프로 측정하여 파형이 완전히 일치하도록 R₄를 조정하고 그때 R₄ 값을 측정하여 표 2에 기록하여라.

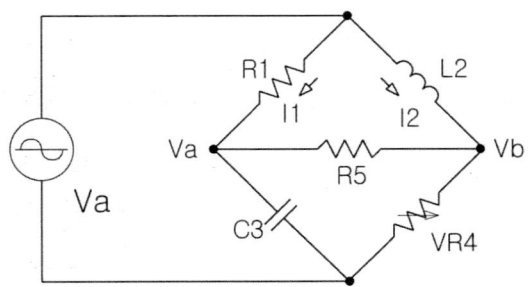

그림 3 휘스톤브릿지 교류 평형 실험회로

5. 실험 결과

[1] 휘스톤브릿지 직류회로 실험 결과

표 1 휘스톤브릿지 직류회로 실험 결과 소자값

저 항	R_4=330 인 경우	R_4=470 인 경우
R_1		
R_2		
R_3		
R_4		

[2] 휘스톤브릿지 교류회로 실험 결과

표 2 휘스톤브릿지 교류회로 실험 결과 소자값

R_1	
L2	
C3	
R_4	

6. 실험 결과 분석 및 검토

[1] 직류 전원을 사용한 휘스톤브릿지 측정 결과가 실험 이론 식 $\dfrac{Z1}{Z3} = \dfrac{Z2}{Z4}$ 를 만족하는지 확인하여라.(R=330, R=470 두 가지경 우 모두 할 것)

[2] 교류 전원을 사용한 휘스톤브릿지 측정 결과가 실험 이론 식 $\dfrac{Z1}{Z3} = \dfrac{Z2}{Z4}$ 를 만족하는지 확인하여라. 이 경우 결과가 주파수 변 화와 관계가 있는가?

Part IV

반도체 소자 실험

4-1. 다이오드 특성 실험

1. 목 적

∘ 다이오드의 전압, 전류 특성을 이해하고 실험을 통하여 그 특성을 측정한다.

2. 사용 장비 및 부품

	장 비	부 품
1	Universal System	직류전원공급기, 디지털 멀티미터
2	아날로그 멀티미터	
3	Bread Board	
4	저 항	470, 1k, 470k
5	다이오드	1N4001, LED(red)

3. 실험 이론

다이오드 특성(Diode Characteristics)

순수 실리콘에 5가 불순물(안티몬, 인, 비소)을 혼합한 N형 반도체와 3가 불순물(붕소, 갈륨, 인듐)을 혼합한 P형 반도체를 접합시키면 그 경계면에 PN 접합면이 생기게 된다. 이 PN 접합면의 전기적 특성이 다이오드와 트랜지스터를 동작시키는 기본 특성이 된다. 외부 전원을 가하지 않은 평형상태에서 PN 접합면에 흐르는 전류는 없다. 그러나 P형 반도체 쪽에 양극을 N형 반도체 쪽에 음극을 인가하고 전압을 가하면 P쪽에서 N쪽으로 전류가 흐른다. 이 상태를 다이오드가 순방향 바이어스(forward bias)되었다고 한다. 이때 P형 반도체 쪽을 Anode(양극) N형 반도체 쪽을 Cathode(음극)이라고 부른다. 이와 반대로 P형 반도체 쪽에 음극을 N형 반도체 쪽에 양극을 인가하고 전압을 가하면 PN 접합면에 전류가 흐르지 않는다. 정확하게는 약간의 누설 전류가 있기는 하지만 순방향 전류에 비하여 무시된다. 이렇게 P쪽에 음극이 N쪽에 양극이 연결된 경우 이 PN 접합은 역방향 바이어스(reverse bias)되었다고 한다. 다이오드의 전류 전압 방정식은 $I = I_0(e^{\frac{V}{n \cdot V_T}} - 1)$로 주어진다.

여기서 V가 양수인 경우 전류는 P형에서 N형으로 흐르고 순방향 바이어스된 경우이고 V가 음수인 경우는 그 반대로 역방향 바이어스된 경우이다. n는 상수로 germanium 다이오드의 경우 1이고 silicon 다이오드인 경우 2이다. V_T는 온도에 따라 결정되는 상수로 $V_T = \frac{T}{11,600}$으로 주어진다. 상온 $(T=300\,°K)$에서 $V_T ≒ 0.026\,V$이다.

아래 그림은 I_0가 10[nA]인 경우 silicon 다이오드의 특성곡선을 보여준다. 순방향인 경우와 역방향인 경우 전압과 전류 차이를 비교하여 보아라. 순방향인 경우 전류는 전압 변화에 따라 급격히 증가하나 역방향인 경우 전류는 전압 변화에 관계없이 I_0에 고정된다.

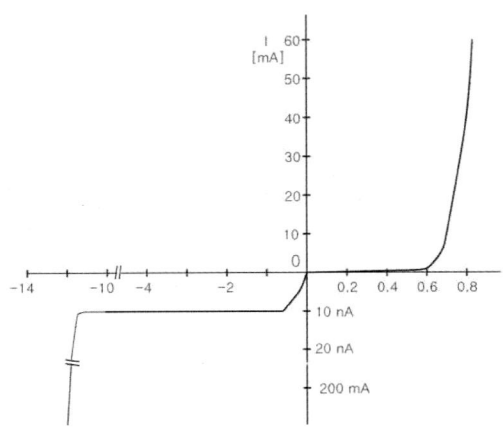

그림 1 다이오드 전류-전압 특성

4. 실험 순서

[1] 먼저 다이오드가 동작하는 것인지 아닌지를 테스터를 사용하여 확인
하여라. 아날로그 멀티미터의 도통 시험 단자(저항 측정 스위치 × 1 위
치) 혹은 저항 측정 단자로 동작을 확인할 수 있다. 다이오드 순방향
측정 시 아날로그 멀티미터의 + 단지를 다이오드의 − 단자(cathode)
에 아날로그 멀티미터의 − 단자를 다이오드의 + 단자(anode)에 연결
하여라. 저항 측정 스위치 × 1 위치에서 도통이 되면 '삐' 소리도 난다.
눈금판 하단 L1(uA,mA) 눈금으로 다이오드의 순방향 혹은 역방향
전류를 측정할 수 있다. 그때 다이오드의 전압은 하단 LV 눈금으로
읽을 수 있다.(이것은 다이오드 동작 확인 시 참고만 할 것)

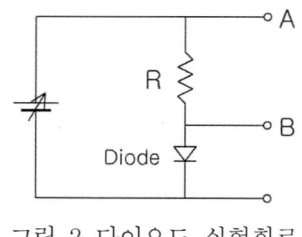

그림 2 다이오드 실험회로

[2] 그림 2 회로를 구성하여라.(V=0-20[V], R=1k, Diode=1N4001)
[3] 표 1에 표시된 전원 순방향 전압값에 대하여 다이오드의 특성을 측
정하여라.
[4] 다이오드의 방향을 역으로 바꾸어라. 표 1에 표시된 역방향 전압값에 대
하여 다이오드의 특성을 측정하여라.(이때 저항은 470k로 교환하여라)
[5] 그림 1의 다이오드를 적색 혹은 녹색 LED로 대치하고 과정 2-4를
반복하여라. 이때 직렬 저항값은 470Ω으로 하여라.(역방향일 때는
470k로 교환)

5. 실험 결과

표 1 순방향 및 역방향 다이오드 특성측정

전원전압[V] = A 전압	IN4001 Diode				LED			
	B 전압 [V]	A-B[V]	직렬 저항값 [KΩ]	전류 [mA]	B 전압 [V]	A-B [V]	직렬 저항값 [KΩ]	전류 [mA]
20			1				1	
15			1				1	
12			1				1	
10			1				1	
8			1				1	
7			1				1	
6			1				1	
5			1				1	
4			1				1	
3			1				1	
2.5			1				1	
2			1				1	
1.5			1				1	
1.0			1				1	
0.8			1				1	
0.7			1				1	
0.6			1				1	
0.5			1				1	
0.4			1				1	
0.3			1				1	
0.2			1				1	
0.1			1				1	
0			1				1	
-0.5			470				470	
-1.0			470				470	
-2.0			470				470	
-4.0			470				470	
-6.0			470				470	
-10.0			470				470	

6. 실험 결과 분석 및 검토

[1] 표 1로 측정한 데이터로 다이오드의 전류-전압 특성 곡선을 그려
라.(IN4001과 LED)

[2] IN4001과 LED의 threshold 전압은 각각 얼마인가?

[3] 다이오드의 역방향 포화 전류는 각각 얼마인가?

4-2. 다이오드 클리핑(Clipping) 및 클램핑(Clamping) 회로

1. 목 적

∘ 다이오드 클리핑 회로의 특성과 입출력 관계를 이해하고 측정을 통
하여 확인하여 본다.

∘ 다이오드 클램핑 회로의 특성과 입출력 관계를 이해하고 직류 레벨
변화를 측정을 통하여 확인하여 본다.

2. 사용 장비 및 부품

	장 비	부 품
1	Universal System	직류전원공급기, 디지털 멀티미터
2	아날로그 멀티미터	
3	Bread Board	
4	오실로스코우프	
5	다이오드	1N4001
6	저 항	1.0k
7	캐패시터	1[uF] 25V

3. 실험 이론

가. 클리핑(Clipping) 회로

클리핑(clipping)이란 어떤 물체의 일부분을 잘라낸다는 뜻이다. 회로에서 클리핑이란 파형의 일부분을 필요에 따라 잘라내어 용도에 맞는 모양을 갖추도록 하는 회로를 뜻한다. 일반적으로 입력 파형, 직류전원, 다이오드, 저항 등으로 회로를 구성한다. 전파 혹은 반파 정류회로도 클리핑 회로의 좋은 예이다. 클리핑 회로는 리미팅(Limiting)회로로 불리기도 한다.

클리핑 회로의 해석 시 첫 번째 일은 인가된 신호 전압에 따라 다이오드가 어떤 경우에 순방향 혹은 역방향으로 바이어스되는지를 파악하여야 한다. 다이오드가 순방향으로 바이어스되기 위해서는 다이오드의 양극 전압이 음극 전압보다 높아야 한다. 이상적인 다이오드를 가정하는 경우 다이오드 양단 전압은 0V로 가정한다. 그리고 다이오드의 상태를 변화시키는 인가 신호 전압을 구하여 이때 다이오드가 순방향에서 역방향 혹은 그 반대로 변화되고 그에 따라 회로에 흐르는 전류가 변화됨으로 적절한 전류를 계산하고 출력 단자의 신호를 결정한다. 실제 실험을 통하여 우리가 관측하는 출력신호 파형은 이상적인 파형이 아니다. 따라서 이상적인 경우 회로 해석 결과를 참고하여 실제적인 다이오드 모델을 적용하여 다시 출력 신호를 예측하여야 한다. 가장 현실적인 다이오드 모델은 다이오드의 threshold 전압 0.7V와 다이오드 내부 저항을 고려하는 것이나 내부저항은 고려하지 않아도 예상 신호와 실제 측정 신호 차이가 크지 않을 것이다. 그림 1은 여러 가지 클리핑 회로와 그 전달 특성을 보여준다.

이 회로에서 입력에 + 전압이 인가되면 다이오드는 순방향으로 바이어스되고 다이오드를 통하여 전류가 흐른다. 실제로는 다이오드의 순방향 저항도 고려하여야 하나 이를 무시하고 다이오드의 threshold 전압 0.7V만

고려하면 클리핑 회로의 전달 특성 함수는 각 클리핑 회로의 오른쪽 그림
과 같다.

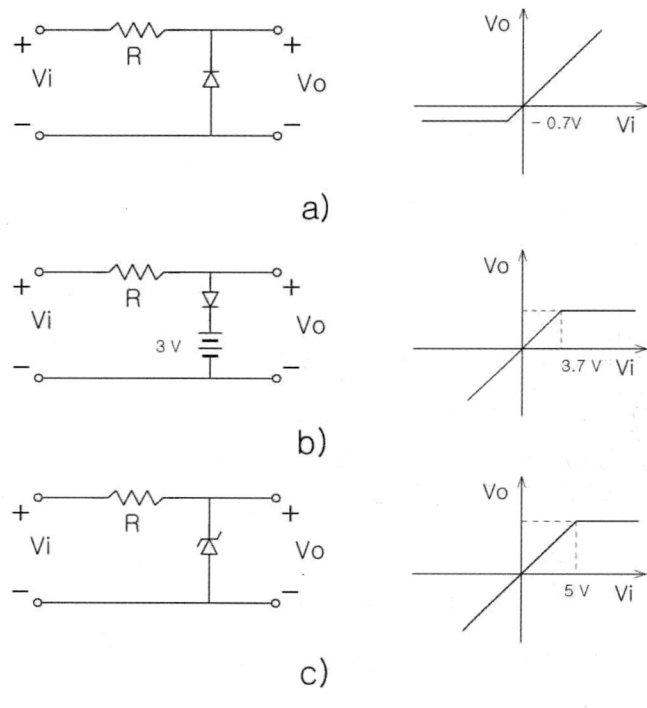

그림 1 다이오드 클리핑 회로

나. 클램핑(Clamping) 회로

클램핑 회로는 입력 신호의 모양은 유지한 채 그 레벨을 상향 혹은 하
향시키는 회로이다. 즉 입력 신호에 DC 성분을 + 혹은 - 방향으로 추가
하는 것이다. 이 회로 역시 다이오드, 캐패시터, 저항으로 구성된다. 클리
핑 회로와 같이 클램핑 회로의 해석도 다이오드의 방향이 중요하다. 입력
신호의 어떤 특정 부분에서 다이오드가 순방향으로 바이어스되는지를 확

인한다. 이때 회로에 연결된 캐패시터는 저항을 통하여 충전되며 충전회
로의 저항값은 보통 작은 값이다. 입력신호가 변하면 다이오드는 역방향
으로 바이어스되고 이때 회로의 저항은 매우 큰 값으로 변하게 된다. 따
라서 다이오드가 순방향일 때 충전된 캐패시터의 전압은 충전된 전압값을
유지한다. 이 과정에서 입력신호와 캐패시터 충전전압, 출력 회로의 전류
를 계산하면 출력 신호 파형을 예측할 수 있다.

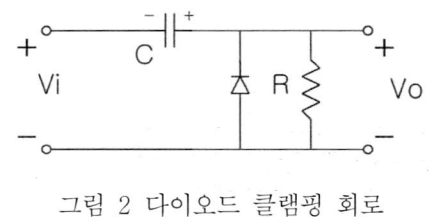

그림 2 다이오드 클램핑 회로

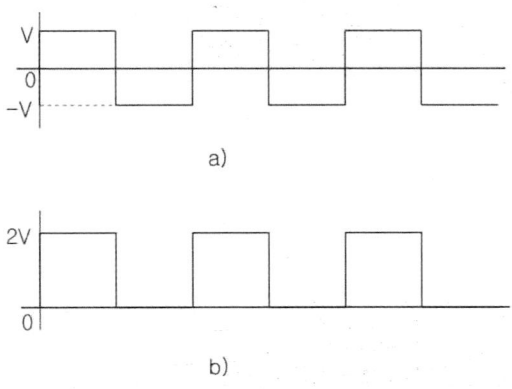

그림 3 다이오드 클램핑 회로의 입력과 출력

그림 2 회로의 입출력 파형은 그림 3과 같다. 입력 신호 vi가 +인 경우
다이오드는 역방향으로 바이어스되고 다이오드를 통하여 전류가 흐르지
않는다. 이때 전류는 R과 C회로를 통하여 흐르게 되고 전류 방향에 따라

C를 방전한다. 입력신호 vi가 - 인 경우 다이오드는 순방향으로 바이어스되고 다이오드의 순방향 저항을 무시하면 입력 신호는 C를 그림 2에 표시된 극성으로 충전시킨다. 이때 캐패시터에 인가되는 전압 Vc는 Vi와 같아진다. 다시 Vi가 +로 변하면 다이오드 양단에는 입력신호 Vi와 Vi가 -일때 충전된 캐패시터 전압 Vc의 합이 걸리게 된다. 이 전압이 다이오드와 출력 저항 R 양단에 인가되고 저항을 통하여 전류가 흐른다. 이때 회로의 저항은 순방향 때 다이오드 저항에 비하여 매우 크므로 회로 전류는 매우 작고 따라서 캐패시터는 거의 방전되지 않는다. 결과적으로 출력 전압은 캐패시터의 충전전압 만큼 + 방향으로 변위되어 나타난다.

4. 실험 과정

[1] 그림 4의 회로를 구성하여라.(D=1N4001, R=1[kΩ])
[2] 그림 4 회로에 입력 신호로 Vpp = 10[V], f = 10[KHz]인 정현파 신호를 인가하여라. 회로의 입력과 출력 파형을 관측하여 그림 8에 그려라.

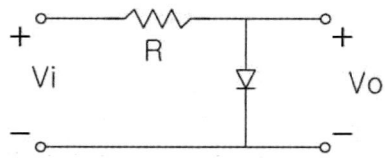

그림 4 다이오드 클리핑 실험회로 1

[3] 그림 5의 회로를 구성하여라.(D=1N4001, R=1[kΩ]) 2[V] 직류 전원은 전원공급기 전원을 이용하여라.
[4] 그림 5 회로에 입력 신호로 Vpp = 10[V], f = 10[KHz]인 정현파

신호를 인가하여라. 회로의 입력과 출력 파형을 관측하여 그림 9에
그려라.

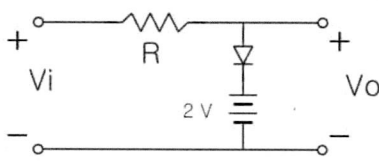

그림 5 다이오드 클리핑 실험회로 2

[5] 그림 6의 회로를 구성하여라.(D=1N4001, R=1[kΩ]) 2[V] 직류
　　전원은 전원공급기 전원을 이용하여라.

[6] 그림 6 회로에 입력 신호로 Vpp = 10[V], f = 10[KHz]인 정현파
　　신호를 인가하여라. 회로의 입력과 출력 파형을 관측하여 그림 10에
　　그려라.

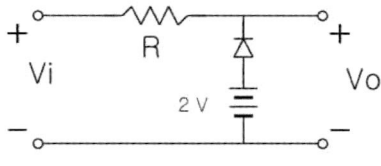

그림 6 다이오드 클리핑 실험회로 3

[7] 그림 7의 회로를 구성하여라.(Diode = 1N4001, R = 10K, C =
　　1uF 25V)

[8] 입력 신호로 Vpp = 10[V], f = 10[KHz]인 구형파 신호를 인가
　　하여라. 회로의 입력과 출력 파형을 관측하여 그림 11에 그려라. 캐
　　패시터 연결 시 극성에 주의하여라.

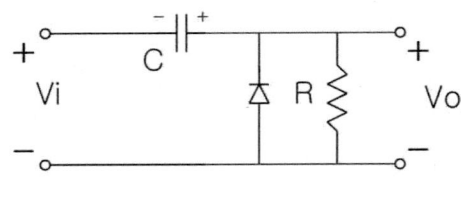

그림 7 다이오드 클램핑 실험회로

5. 실험 결과

[1] 실험 과정 [2](클리핑 실험회로 1)의 예측 및 측정 파형을 그려라.
시간과 전압 크기를 정확하게 표시하여라.

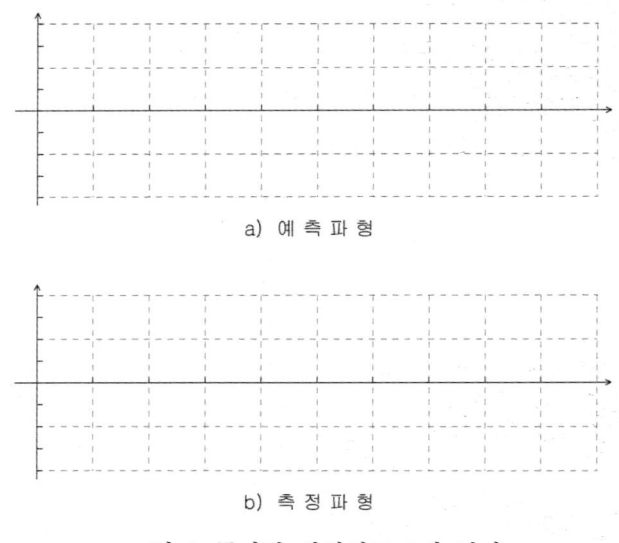

a) 예측파형

b) 측정파형

그림 8 클리핑 실험회로 1의 결과

[2] 실험 과정 [4](클리핑 실험회로 2)의 예측 및 측정 파형을 그려라.
시간과 전압 크기를 정확하게 표시하여라.

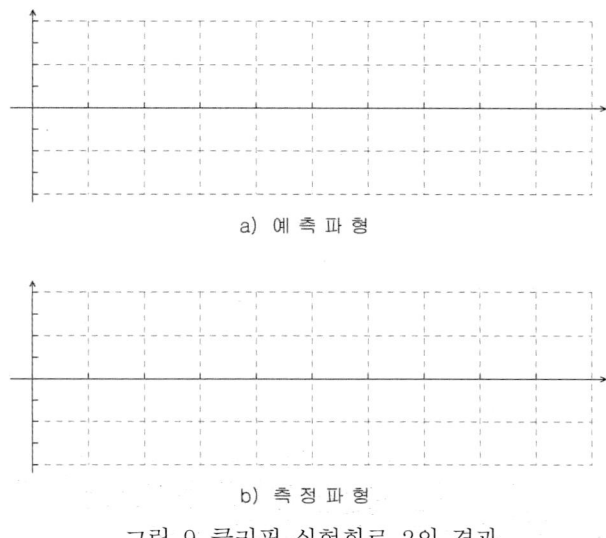

a) 예 측 파 형

b) 측 정 파 형

그림 9 클리핑 실험회로 2의 결과

[3] 실험 과정 [6]의(클리핑 실험회로 3) 예측 및 측정 파형을 그려라.
시간과 전압 크기를 정확하게 표시하여라.

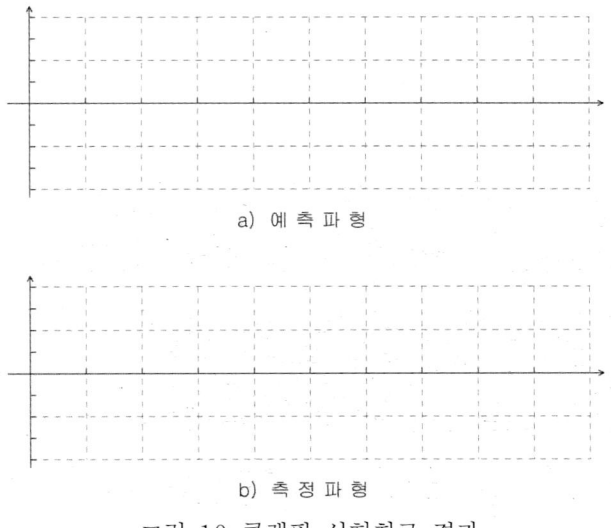

a) 예 측 파 형

b) 측 정 파 형

그림 10 클램핑 실험회로 결과

[4] 실험 과정 [8]의(클램핑 실험회로) 예측 및 측정 파형을 그려라.
시간과 전압 크기를 정확하게 표시하여라.

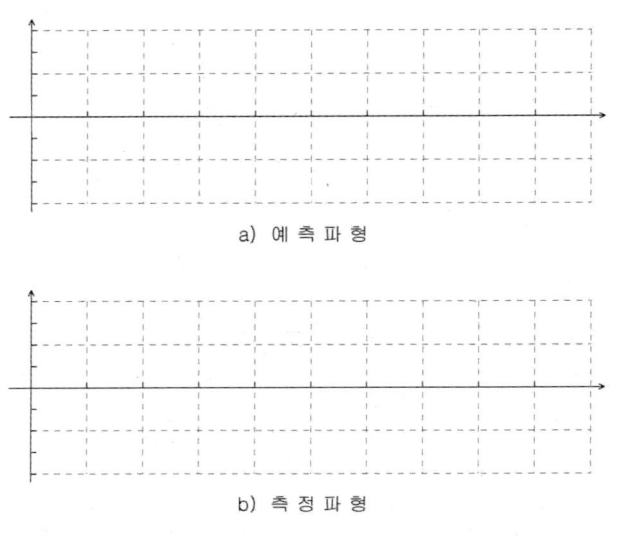

a) 예 측 파 형

b) 측 정 파 형

그림 11 클리핑 실험회로 3의 결과

6. 실험 결과 분석 및 검토

[1] 각 출력 파형이 예측 파형과 일치하는가? 일치하지 않은 경우 원인
을 분석하여라.

[2] 클램핑 회로에서 다이오드 극성이 반대로 되면 출력 파형은 어떻게
변화되는가?

4-3. 다이오드 정류회로

1. 목 적

∘ 반파 및 전파 정류 회로의 동작 특성 이해와 측정
∘ 저항과 캐패시터를 사용한 평활회로의 특성 이해

2. 사용 장비 및 부품

	장 비	부 품
1	Universal System	직류전원공급기, 디지털 멀티미터
2	아날로그 멀티미터	
3	Bread Board	
4	오실로스코우프	
5	다이오드	1N4001(2개)
6	저 항	1k, 10k
7	캐패시터	20[uF] 30V
8	트랜스포머	1차: 220V 2차: 6V×2

3. 실험 이론

가. 정류회로

신호의 부호가 변하는 교류 전압을 정류회로를 사용하여 직류 전압으로 변화시킬 수 있다. 이 신호는 신호의 방향만 변하지 않을 뿐 그 크기는 변하며 맥류(脈流)라고도 한다. 이 점에서 크기가 변하지 않는 직류 전원이나 전지의 출력과는 다르다. 정류회로는 앞 장에서 공부한 클리핑 회로의 일종이다. 모든 전자회로는 전압이 변하지 않으면서 필요한 전류를 충분히 공급해 줄 수 있는 직류전원을 필요로 한다. 이러한 전원은 먼저 교류전원을 정류하여 맥류 신호로 변환한 다음 정류하여야 한다.

□ 반파 정류회로(Half Wave Rectification)

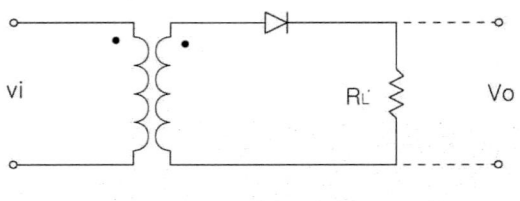

그림 1 반파 정류회로

이 회로는 입력되는 정현파 신호가 양이 되는 반주기 동안만 부하에 전류를 전달한다. 입력신호가 음이 되는 반주기 동안은 다이오드가 역방향 바이어스되어 전류가 흐르지 않는다. 그림 1과 2는 반파 정류회로와 그 회로의 입출력 신호를 보여준다. 출력 전압은 다이오드의 threshold 전압 때문에 항상 입력 전압보다 0.7[V] 낮다. 다이오드의 threshold 전압을 무시하는 경우 평균 출력전압은

$$V_{avg} = V_{DC} = \frac{1}{2\pi} \int_0^\pi V_m \sin t\, dt = \frac{1}{2\pi} [-\cos]_0^\pi = \frac{V_m}{\pi}$$

가 된다.

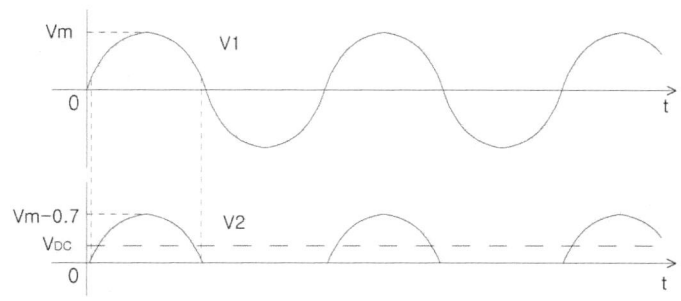

그림 2 반파 정류회로의 입력과 출력파형

□ 전파 정류회로(Full Wave Rectification)

이 회로는 2개의 반파 정류기를 결합한 것과 같이 동작한다. 입력신호
가 양이 되는 반주기 동안 한쪽 반파 정류기가 부하에 전류를 공급하고
입력이 음이 되는 반주기 동안 다른 반파정류기가 동작한다. 아래 회로는
전파 정류회로와 그 회로의 입출력 신호이다.

부하에 전달되는 평균 출력전압은

$$V_{avg} = V_{DC} = \frac{1}{2\pi} [\int_0^\pi V_m \sin t \, dt + \int_\pi^{2\pi} V_m (-\sin t) \, dt] = \frac{2 V_m}{\pi}$$

이 된다.

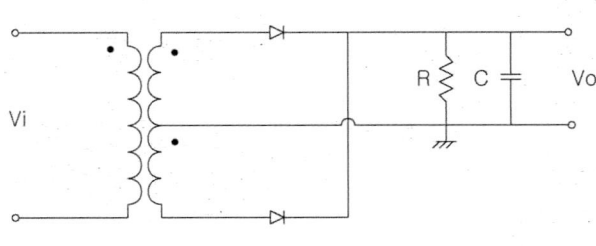

그림 3 전파 정류회로

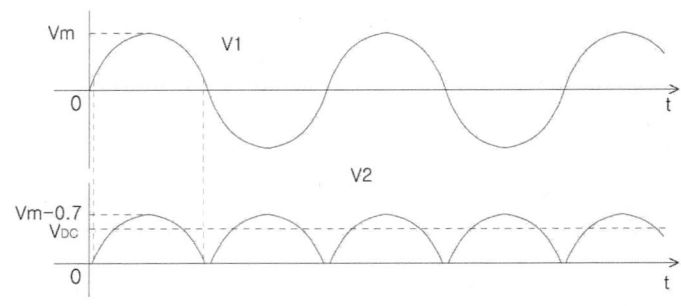

그림 4 전파 정류회로의 입력과 출력파형

□ 브릿지 전파정류회로(Bridge Full Wave Rectification)

이 회로의 출력은 전파 정류회로와 동일하다. 그러나 트랜스포머를 사용하는 경우 전파정류회로에 비하여 2배 높은 출력 전압을 얻을 수 있다. 아래 그림은 브릿지 전파 정류회로와 그 회로의 입출력 신호이다. 입력 신호의 부호에 따라 항상 2개의 다이오드가 순방향 바이어스되어 부하에 전류를 공급한다.

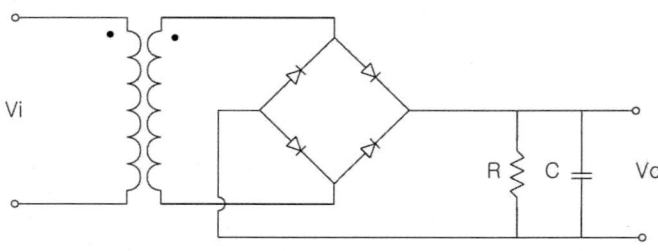

그림 5 브릿지 전파 정류회로

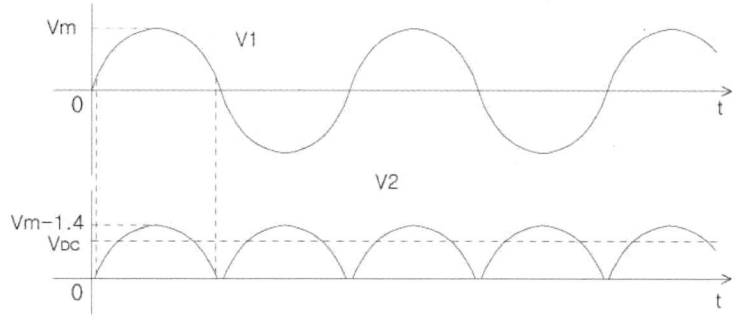

그림 6 브릿지 전파 정류회로의 입력과 출력파형

□ 평활회로

정류회로의 출력은 신호의 부호는 변하지 않으나 그 크기는 변하는 맥류신호이다. 그러나 보통 시스템에 필요한 전원은 전지 출력과 같이 그 크기가 변하지 않는 전원이다. 평활회로는 보통 부하와 병렬로 큰 값의 캐패시터를 연결하여 구성한다. 이 캐패시터는 정류회로의 다이오드가 동작하는 동안 전하를 저장하고 다이오드가 동작하지 않는 동안 저장된 전하를 부하에 공급하여 부하에 걸리는 전압을 일정한 값으로 유지하는 역할을 한다.

평활회로의 효율은 리플계수(ripple factor:r)로 나타낼 수 있다. 리플계수는 아래 식으로 표현되며 이 값이 낮을수록 더 좋은 평활 필터가 된다.

$$r = \frac{V_{r(pp)}}{V_{DC}}$$

위 식에서 $V_{r(pp)}$는 평활회로 출력 리플 전압의 첨두 간 전압값이며 V_{DC}는 필터 출력의 직류 전압 평균값을 뜻한다.

4. 실험 과정

※ 주의: 본 실험은 교류 220[V] 전원을 사용함으로 트랜스포머 연결단
자와 전선이 신체나 주위 전도성 물체에 닿지 않도록 주의하기 바람.

[1] 그림 7의 회로를 구성하여라. 트랜스포머의 1차측은 220[V] AC전
원이다. 2차측은 6[V] 단자에 연결하여라.(D=1N4001, C=20uF,
30[V], R_L=10[kΩ])

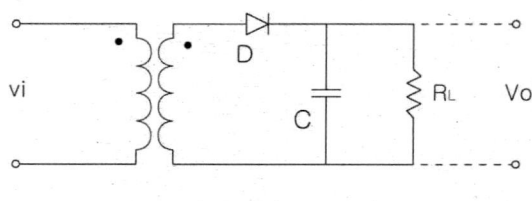

그림 7 반파정류 실험회로

[2] 출력 파형 Vo을 그려라.
[3] 부하 저항 R_L을 1[kΩ]으로 교환하고 출력 파형 Vo을 과정 2 결과
에 중복하여 그려라

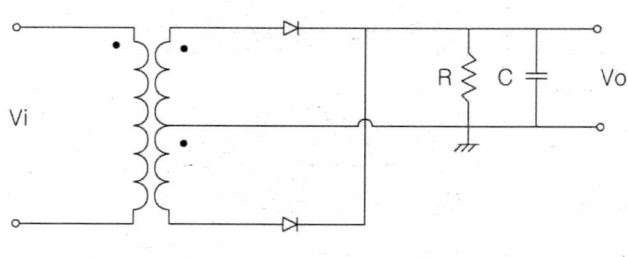

그림 8 전파정류 실험회로

[4] 그림 8의 회로를 구성하여라. 트랜스포머의 1차측은 220[V] AC전
   원이다. 2차측은 6[V] 단자에 연결하여라.(D=1N4001, C=20uF,
   30[V], R_L=10[kΩ])

[5] 출력 파형 Vo을 그려라.

[6] 부하 저항 R_L을 1[kΩ]으로 교환하고 출력 파형 Vo을 과정 2 결과
   에 중복하여 그려라

5. 실험 결과

[1] 반파 정류회로 출력 파형(비교를 위하여 R_L이 10[kΩ]인 경우와
   1[kΩ]인 경우를 중복하여 그려라.)

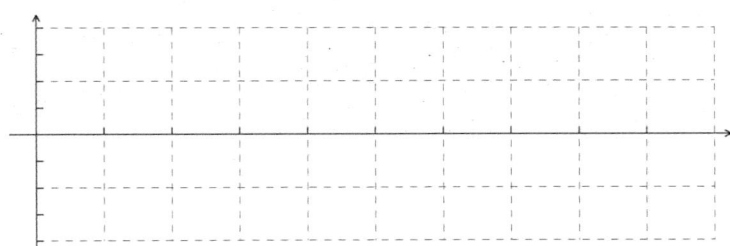

[2] 전파 정류회로 출력 파형(비교를 위하여 R_L이 10[kΩ]인 경우와
   1[kΩ]인 경우를 중복하여 그려라.)

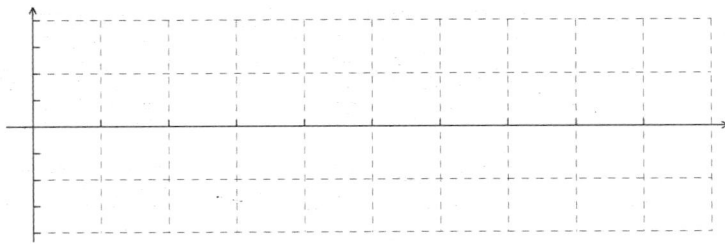

6. 실험 결과 분석 및 검토

[1] 반파와 전파 정류 시 부하 저항 변화에 따른 출력 전압 변화를 비교하고 그 원인을 설명하여 보아라.

[2] 반파와 전파 정류 시 측정된 출력전압의 평균값을 계산하고 그 결과와 이론적인 평균값을 비교하여라. 틀리면 그 원인을 논하여 보아라.

[3] 부하 저항이 1[kΩ]일 때 반파와 전파 정류의 리플계수 값을 계산하여라.

4-4. 트랜지스터 특성 실험

1. 목 적

◦ 트랜지스터의 동작 특성을 이해하고 실험을 통하여 확인한다.
◦ 트랜지스터의 베이스 전류와 콜렉터, 에미터 전류의 상관관계를 확인한다.
◦ 트랜지스터의 스위칭 특성을 확인한다.

2. 사용 장비 및 부품

	장 비	부 품
1	Universal System	직류전원공급기, 디지털 멀티미터
2	아날로그 멀티미터	
3	Bread Board	
4	트랜지스터	2N3904
5	저 항	2.2k, 330k

3. 실험 이론

트랜지스터 특성(Transistor Characteristics)

트랜지스터는 아래 그림 1에 나타난 것처럼 3개의 반도체 영역의 접합으로 구성된다. pnp형과 npn형이 있으며 각각은 명칭에서 보인 것처럼 2개의 P형 반도체 사이에 N형이 위치하는 경우와 2개의 N형 반도체 사이에 P형이 위치하는 형태의 차이가 있다. 그림 1에서 보인 것처럼 트랜지스터는 3단자 소자이다. 각 단자는 에미터(Emitter), 베이스(Base) 그리고 콜렉터(Collector)로 불린다. 트랜지스터의 3영역은 2개의 PN 접합, 즉 다이오드가 겹쳐진 것으로 볼 수도 있다. 이때 2개의 PN 접합은 에미터-베이스 간과 베이스-콜렉터 간의 접합이다. 트랜지스터 각 접합 간의 바이어스 방법에 따라 트랜지스터의 동작 영역은 활성 영역(Active region), 차단영역(Cut-off region), 그리고 포화영역(Saturation region)으로 구분할 수 있다. 구조상 가운데 위치하는 베이스 영역은 그 두께가 매우 얇으며 불순물 농도 또한 매우 낮다.

트랜지스터의 동작은 먼저 에미터-베이스 접합면을 순방향으로 바이어스하면 에미터 영역의 다수 캐리어(Majority carrier)는 베이스 영역으로 베이스 영역의 다수 캐리어는 에미터 영역으로 확산되어 접합면 전류를 형성한다. NPN 트랜지스터인 경우 에미터 영역의 다수 캐리어는 전자(electron)가 되며 PNP 트랜지스터인 경우 전공(hole)이 된다. 이 상태에서 베이스-콜렉터 접합면을 역방향으로 바이어스시키면 이 접합면에 폭넓은 공간전하 제한 영역이 형성된다. 순방향 바이어스된 에미터-베이스 접합면에서 베이스 영역으로 확산된 캐리어는 베이스 영역의 불순물 농도가 매우 낮고 그 폭이 매우 좁기 때문에 베이스 영역의 다수 캐리어와 재결합하여 베이스 전류를 생성하기보다는 베이스-콜렉터 접합면의 공간전하 제한 영역으로 주입된다. 주입된 캐리어는 콜렉터 전류를 형성한다. 이때 콜렉터 전류는 베이스-콜렉터 바이어스 전압값보다는 베이스-에미터 접합면에 흐르는 전류값에 따라 결정된다.

그림 2는 NPN 트랜지스터 전류의 구성 요소와 바이어스 방향을 보여준다. 그림에서 보인 것처럼 에미터 영역의 다수 캐리어가 베이스 영역으로 확산되는 것처럼 베이스 영역의 다수 캐리어도 에미터 영역으로 확산되나 에미터와 베이스 영역의 불순물 농도차 때문에 베이스에서 에미터로 확산되는 캐리어는 무시할 정도로 적다.

트랜지스터가 활성영역에서 동작하는 경우 E-B 간은 순방향 바이어스 되므로 E-B 간 전압은 약 0.7[V]로 고정된다. 콜렉터 전류 I_C는

$$I_C = I_S \cdot e^{\frac{V_{BE}}{V_T}}$$

(I_S: E-B 간 역방향 포화 전류, $V_T = \dfrac{kT}{q} = 0.0258\,V$(at 25℃): 열전압)로 표현된다.

위 식은 콜렉터 전류가 베이스-콜렉터 전압보다 에미터-베이스 전압에 의해 결정된다는 것을 보여준다. 또 콜렉터-베이스 접합면을 흐르는 전류의 일정 부분이 베이스 전류를 형성한다. 따라서 베이스 전류와 콜렉터전류는

$$I_C = \beta_{DC} I_B$$

의 관계가 성립하고 β_{DC}를 직류 전류이득이라 한다. 트랜지스터에서도 키르히호프의 전류 법칙은 성립하여야 하므로

$$I_E = I_B + I_C$$

의 관계가 성립하고 I_B와 I_C의 관계식을 이용하면

$$I_E = I_B + I_C = \frac{I_C}{\beta_{DC}} + I_C = \left(\frac{1 + \beta_{DC}}{\beta_{DC}}\right) \cdot I_C$$

가 되고

$$I_C = \alpha_{DC} \cdot I_E = \frac{\beta_{DC}}{1 + \beta_{DC}} \cdot I_E$$

의 관계가 성립한다. 이때 α_{DC}와 β_{DC}는

$$\alpha_{DC} = \frac{\beta_{DC}}{1 + \beta_{DC}}$$

가 된다.

위 식은 직류전류에 대한 것이나 교류 신호에 대하여서도 동일한 관계가 성립하며 관계식은 아래와 같다.

$$\beta_{ac} = \frac{\triangle I_C}{\triangle I_B}$$

$$\alpha_{ac} = \frac{\triangle I_C}{\triangle I_E}$$

$$\alpha_{ac} = \frac{\beta_{ac}}{1 + \beta_{ac}}$$

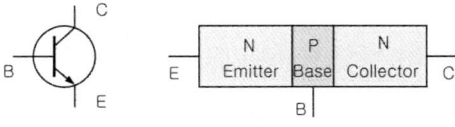

NPN Type Transistor

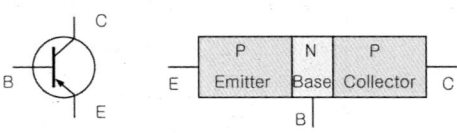

PNP Type Transistor

그림 1 Transistor 구조

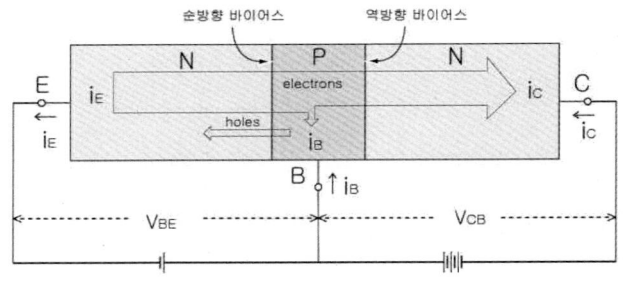

NPN Type Transistor

그림 2 Transistor 전류 성분

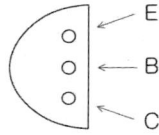

Bottom View
Package Type : TO-92

그림 3 Transistor Pin 연결(TO-92형)

4. 실험 과정

[1] 그림 4의 회로를 구성하여라.(TR=2N3904(NPN Type), V_B=5[V], V_{CC}=0-30[V], R_B=330[kΩ], R_C=2.2[kΩ])

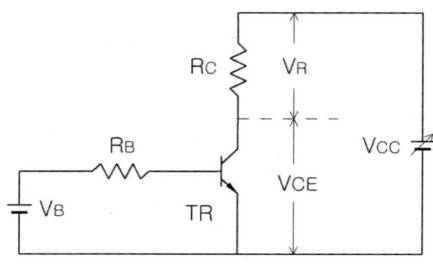

그림 4 Transistor 전류 실험회로

[2] V_{CC} 전압을 0-15[V]까지 변화시키면서 V_R 전압과 V_{CE} 전압을 측
정하여 표 1에 기입하여라.

[3] R_B를 150[kΩ]으로 교체하고 과정 2를 반복하여라.

5. 실험 결과

표 1 Transistor 전류 측정

V_{CC}[V]	R_B=330[kΩ]			R_B=150[kΩ]		
	V_R[V]	I_C[mA]	V_{CE}[V]	V_R[V]	I_C[mA]	V_{CE}[V]
0						
0.2						
0.4						
0.6						
0.8						
1.0						
1.2						
1.5						
2.0						
2.5						
3.0						
4.0						
5.0						
7.0						
10.0						
12.0						
15.0						

6. 실험 결과 분석 및 검토

[1] 표 1의 결과로 트랜지스터의 전압-전류 특성 곡선을 그려라. X축은 V_{CE}이고 Y축은 콜렉터 전류이다.

[2] 전압-전류 특성 곡선에서 트랜지스터의 전류이득 α_{DC}와 β_{DC}를 계산하여 보아라.

4-5. 연산증폭기 회로 실험

1. 목 적

◦ 연산증폭기 특성 이해
◦ 연산증폭기를 이용한 가산기 및 감산기 실험
◦ 연산증폭기를 이용한 미분기 및 적분기 실험

2. 사용 장비 및 부품

	장 비	부 품
1	Universal System	직류전원공급기, 디지털 멀티미터
2	아날로그 멀티미터	
3	Bread Board	
4	오실로스코우프	
5	연산증폭기	uA741
6	저 항	10k, 22k, 33k
7	캐패시터	0.01[uF]

3. 실험 이론

가. 연산증폭기의 기초

연산증폭기는 기본적으로 수학적인 연산기능을 수행할 수 있도록 제작된 소자다. 이것은 대단히 큰 전압이득, 높은 입력 임피던스, 낮은 출력임피던스를 가지도록 제작된다. +와 -입력 단자, 하나 혹은 두 개의 출력단자, 입력신호의 offset를 조정하기 위한 2개의 단자 그리고 전원공급을 위한 2개의 단자가 연결된다. 내부적으로는 2단 혹 3단 증폭기로 구성되며 초단의 차동 증폭단과 전압 증폭단 그리고 푸시풀 전력 증폭단으로 나누어진다. 초단 입력 부분의 차동증폭기는 차 신호에 대하여서는 높은 이득을 가지나 동상 신호에 대한 이득은 0이다. 연산증폭기로 구성된 회로를 해석하기 위하여서는 회로 내의 연산증폭기 회로를 이상적인 증폭기로 가정한다. 이때 이상적인 연산증폭기의 특성은 첫째 무한대의 전압이득, 둘째 무한대의 대역폭, 셋째 무한대의 입력 임피던스, 그리고 마지막으로 출력 임피던스는 0을 가정한다. 물론 실제 집적회로로 구현된 연산증폭기는 이상적인 값에 접근하기는 하나 완전하지는 않다.

나. 연산증폭기 응용회로

1) 반전 증폭기(Inverting Amplifier)

이 회로는 상수 이득을 가지는 증폭회로이며 그 증폭 부호가 음수이다. 출력신호는 입력신호의 위상이 반전된 신호이다. 아래 반전 증폭회로의 node a에서 전류 방정식을 세우면

$$\frac{v_i}{R_1} = -\frac{v_o}{R_f}$$

가 된다. 이식은 연산증폭기의 입력 임피던스가 무한대 이므로 node a에서 연산증폭기 내부로 흘러 들어가는 전류가 0이기 때문에 성립한다. 위 식에서 전압이득은

$$A_v = \frac{v_i}{v_o} = -\frac{R_f}{R_1}$$

으로 계산된다.

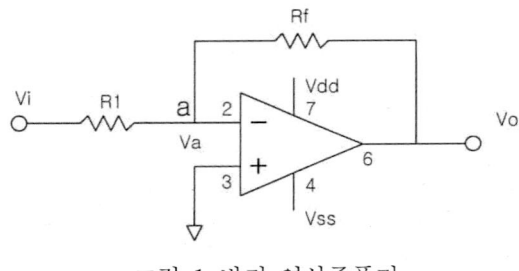

그림 1 반전 연산증폭기

2) 비반전 증폭기(Noninverting Amplifier)

이 회로는 양수의 증폭 부호를 가지는 증폭회로이다. 출력과 입력신호는 동상이며 반전증폭기에 비하여 주파수 안정도가 떨어진다.

반전증폭기의 경우와 같이 연산증폭기 내부로 유입되는 전류가 0이며 증폭기 이득이 무한대이므로 출력신호가 의미 있는 값을 가지기 위해서는 입력전압이 실질적으로 0이 되어야 한다. 따라서 node a의 전압 v_a는 입력전압 v_i와 같다. node a에서 전류방정식을 세우면

$$\frac{v_i}{R_1} = \frac{v_o - v_i}{R_f}$$

가 된다. 위 식에서 전체회로의 전압이득은

$$A_v = \frac{v_i}{v_o} = \frac{R_1 + R_f}{R_1} = 1 + \frac{R_f}{R_1}$$

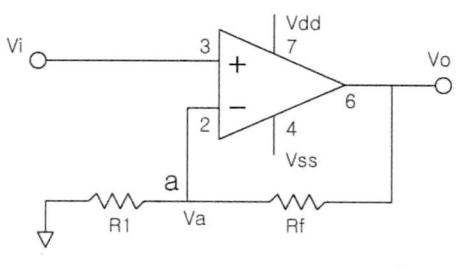

그림 2 비반전 연산증폭기

이 된다.

3) 단위 증폭기(Unit Amplifier)

단위 증폭기는 입출력 신호에 변화가 없다. 이득은 1이며 극성 반전은 없다. 이미터 팔로워나 소스 팔로워 회로와 같이 높은 내부저항을 가지는 회로로 저저항성 부하를 구동하는 경우 완충 증폭기로 사용할 수 있다.

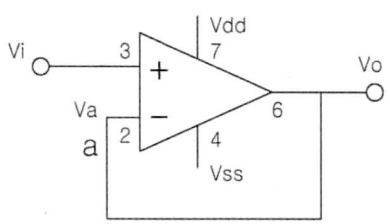

그림 3 단위 이득 증폭기

4) 가산 증폭기(Noninverting Amplifier)

여러 가지 입력 신호 각각에 대하여 별도의 이득을 곱하여 합한 값을 출력할 수 있는 회로이다. 아래 회로는 3개의 입력 신호를 가산 증폭하는 회로이며 그 부호는 -이다. 회로의 입출력 이득은 아래식과 같다.

$$v_o = -\frac{R_f}{R_1}v_1 - \frac{R_f}{R_2}v_2 - \frac{R_f}{R_3}v_3$$

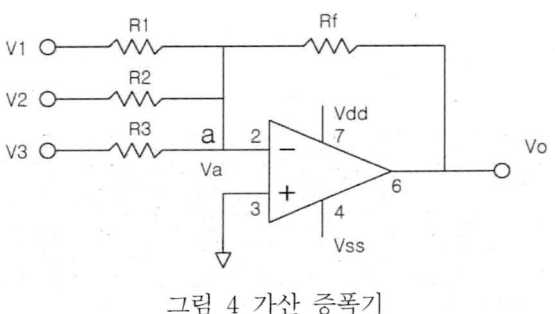

그림 4 가산 증폭기

5) 적분기(Integrator)

반전 및 비반전 증폭기에서 궤환소자로 저항 대신 캐패시터를 사용하면 회로는 적분기로 동작한다. 아래 그림 5에서 캐패시터의 임피던스 X_c는

$$X_c = \frac{1}{jwC}$$

이다.

또 캐패시터에 흐르는 전류는

$$i(t) = C\frac{dv(t)}{dt}$$

이고 이때 캐패시터 양단의 전압은

$$v(t) = \frac{1}{C} \int i(t)\, dt$$

가 된다.

아래 회로 node a에서 전류 방정식은

$$\frac{v_i}{R_1} = -C\, \frac{dv_o(t)}{dt}$$

가 되고 위 식에서 양변을 적분하면

$$v_o(t) = -\frac{1}{RC} \int v_1(t)\, dt$$

가 된다. 위 식에서 출력신호 $v_o(t)$는 입력신호 $v_i(t)$를 적분하여 위상을 반전시키고 상수 $\frac{1}{RC}$ 을 곱한 것이다.

적분회로에 구형파 신호를 입력하였을 때 입출력 신호 파형은 아래 그림과 같다.

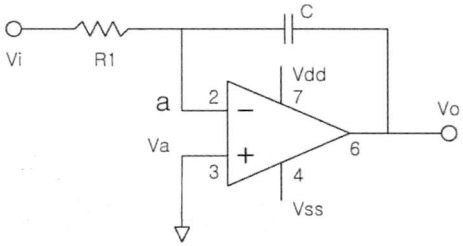

그림 5 연산증폭기 적분기

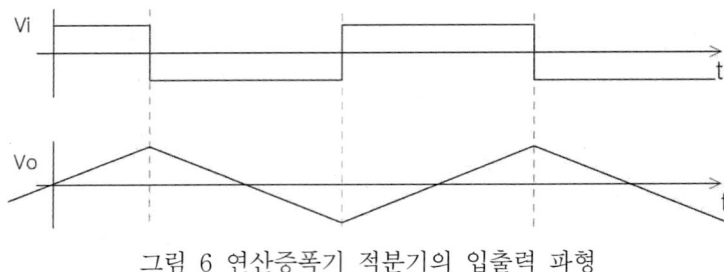

그림 6 연산증폭기 적분기의 입출력 파형

6) 미분기(Differentiator)

전술한 적분기와 반대 기능을 하는 회로이다. 궤환 소자로 저항을 사용하고 입력 소자로 캐패시터를 사용한다. node a에서 전류방정식은

$$C\frac{dv_i(t)}{dt} = -\frac{v_o(t)}{R_1}$$

이 되므로 출력 $v_o(t)$는

$$v_o(t) = -RC\frac{dv_i(t)}{dt}$$

가 되어 입력신호 $v_i(t)$의 미분값이 된다.

입출력 신호 파형은 적분기의 경우와 반대로 삼각파 입력 신호에 대하여 구형파 신호가 출력된다.

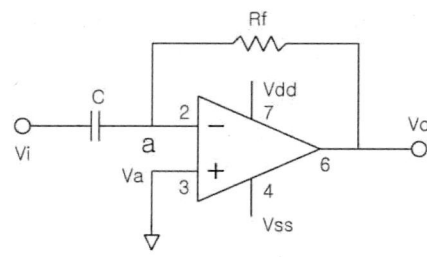

그림 7 연산증폭기 미분기

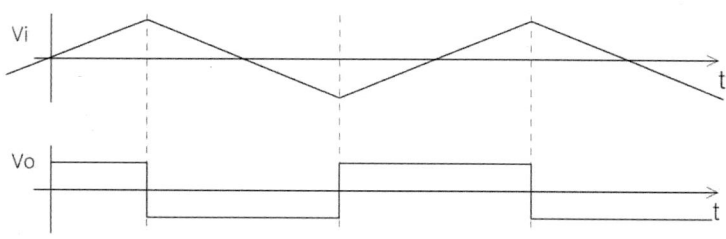

그림 8 연산증폭기 미분기의 입출력 파형

4. 실험 과정

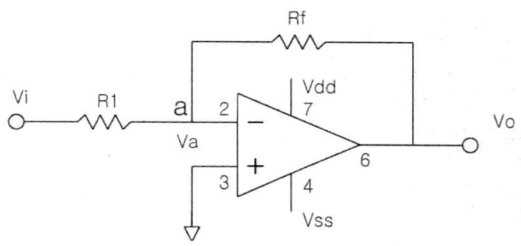

그림 9 반전 연산증폭기 실험회로

[1] 그림 9 회로를 구성하여라.(OPAMP=U741, R1=10[kΩ], Rf=33[kΩ])

[2] 입력에 1[kHz], 1[Vpp] 정현파 신호를 인가하여라. 주파수를 변화시
    키면서 출력의 크기를 측정하여 표 1에 기록하여라.

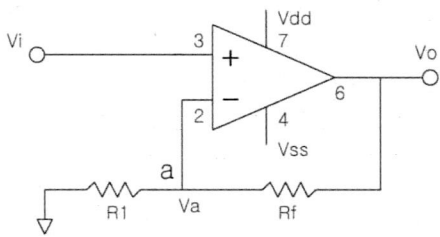

그림 10 비반전 연산증폭기 실험회로

[3] 그림 10 회로를 구성하여라.(OPAMP=U741, R_1=10[kΩ], R_f=22[kΩ])

[4] 입력에 1[kHz], 1[Vpp] 정현파 신호를 인가하여라. 주파수를 변화시 키면서 출력의 크기를 측정하여 표 1에 기록하여라.

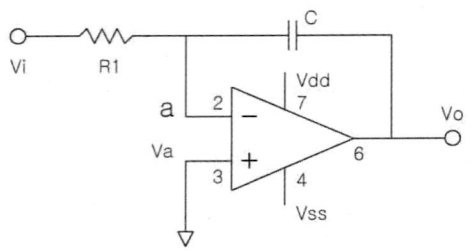

그림 11 적분기 실험회로

[5] 그림 11 회로를 구성하여라.(OPAMP=U741, R_1=10[kΩ], C=0.01[uF])

[6] 입력에 10[kHz], 1[Vpp] 구형파 신호를 인가하여라. 입력과 출력 신 호를 그려라.

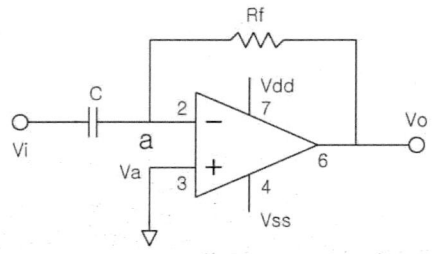

그림 12 미분기 실험회로

[7] 그림 12 회로를 구성하여라.(OPAMP=U741, R_1=10[kΩ], C=0.01[uF])

[8] 입력에 10[kHz], 1[Vpp] 삼각파 신호를 인가하여라. 입력과 출력 신 호를 그려라.

5. 실험 결과

[1] 주파수에 따른 반전 및 비반전 증폭기 이득

표 1 반전 및 비반전 증폭기 출력

주파수[kHz]	반전증폭기		비반전 증폭기 출력	
	출력전압[Vpp]	이　득	출력전압[Vpp]	이　득
0.1				
0.5				
1				
5				
10				
50				
100				
500				
1,000				

[2] 적분기 입력 및 출력 파형

[3] 미분기 입력 및 출력 파형

6. 실험 결과 분석 및 검토

[1] 반전 증폭기의 입출력 신호의 위상각 차이는 얼마인가?

[2] 반점 및 비반전 증폭기의 이득은 주파수 변화에 독립적인가?

[3] 적분회로에 삼각파를 입력하는 경우 출력을 그려 보아라.

[4] 미분회로에 구형파를 입력하는 경우 출력을 그려 보아라.

[5] 그림 11 적분회로의 주파수 특성을 그려 보아라. 그리고 차단주파
수를 계산하여라.

<부록>

실험 결과 보고서 양식

실험번호	1-2		
실험제목	전류계, 전압계 내부저항 측정		
이름(학번)	홍길동 (224537)	학 과	컴퓨터 정보전자공학과
공동실험자	이 ㅇㅇ, 김 ㅇㅇ		
실험일	2007.5.3	제출일	2007.5.10

1. 실험 목적

2. 실험과정

3. 실험결과

4. 결과 검토 및 고찰

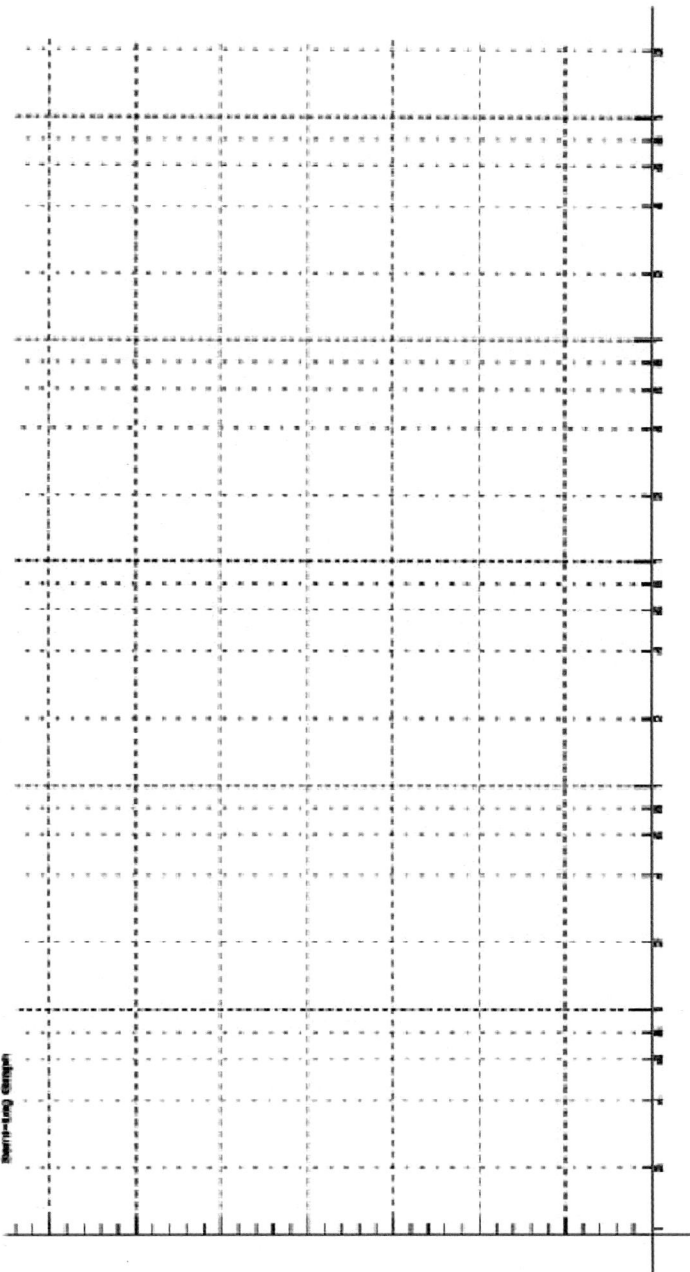

1N4001 - 1N4007

Features

- Low forward voltage drop.
- High surge current capability.

DO-41
COLOR BAND DENOTES CATHODE

General Purpose Rectifiers (Glass Passivated)

Absolute Maximum Ratings* T_A = 25°C unless otherwise noted

Symbol	Parameter	Value							Units
		4001	4002	4003	4004	4005	4006	4007	
V_{RRM}	Peak Repetitive Reverse Voltage	50	100	200	400	600	800	1000	V
$I_{F(AV)}$	Average Rectified Forward Current, .375 " lead length @ T_A = 75°C	1.0							A
I_{FSM}	Non-repetitive Peak Forward Surge Current 8.3 ms Single Half-Sine-Wave	30							A
T_{stg}	Storage Temperature Range	-55 to +175							°C
T_J	Operating Junction Temperature	-55 to +175							°C

*These ratings are limiting values above which the serviceability of any semiconductor device may be impaired.

Thermal Characteristics

Symbol	Parameter	Value	Units
P_D	Power Dissipation	3.0	W
$R_{\theta JA}$	Thermal Resistance, Junction to Ambient	50	°C/W

Electrical Characteristics T_A = 25°C unless otherwise noted

Symbol	Parameter	Device							Units
		4001	4002	4003	4004	4005	4006	4007	
V_F	Forward Voltage @ 1.0 A	1.1							V
I_{rr}	Maximum Full Load Reverse Current, Full Cycle T_A = 75°C	30							µA
I_R	Reverse Current @ rated V_R T_A = 25°C T_A = 100°C	5.0 500							µA µA
C_T	Total Capacitance V_R = 4.0 V, f = 1.0 MHz	15							pF

General Purpose Rectifiers (Glass Passivated)

(continued)

Typical Characteristics

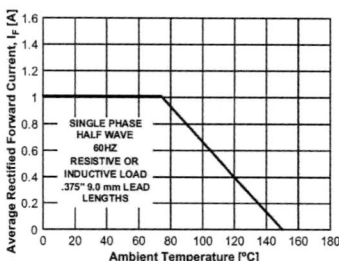

Figure 1. Forward Current Derating Curve

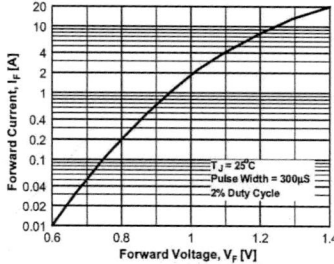

Figure 2. Forward Voltage Characteristics

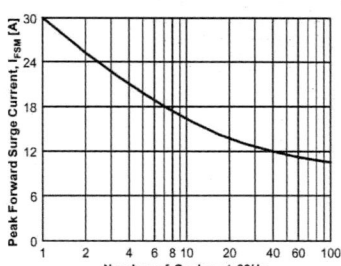

Figure 3. Non-Repetitive Surge Current

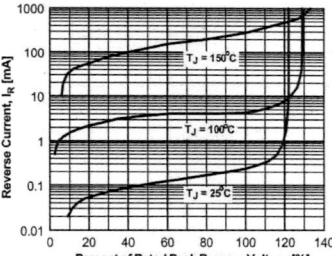

Figure 4. Reverse Current vs Reverse Voltage

National Semiconductor™

Discrete Power & Signal Technologies

2N3904

TO-92

C B E

MMBT3904

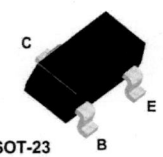

C E B

SOT-23
Mark: 1A

MMPQ3904

E B E B E B B

C C C C C C C C

SOIC-16

PZT3904

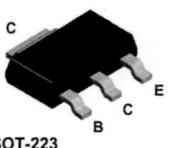

C E C B

SOT-223

NPN General Purpose Amplifier

This device is designed as a general purpose amplifier and switch.
The useful dynamic range extends to 100 mA as a switch and to
100 MHz as an amplifier. Sourced from Process 23.

Absolute Maximum Ratings*   TA = 25°C unless otherwise noted

Symbol	Parameter	Value	Units
V_{CEO}	Collector-Emitter Voltage	40	V
V_{CBO}	Collector-Base Voltage	60	V
V_{EBO}	Emitter-Base Voltage	6.0	V
I_C	Collector Current - Continuous	200	mA
T_J, T_{stg}	Operating and Storage Junction Temperature Range	-55 to +150	°C

*These ratings are limiting values above which the serviceability of any semiconductor device may be impaired.

NOTES:
1) These ratings are based on a maximum junction temperature of 150 degrees C.
2) These are steady state limits. The factory should be consulted on applications involving pulsed or low duty cycle operations.

2N3904 / MMBT3904 / MMPQ3904 / PZT3904

NPN General Purpose Amplifier
(continued)

Electrical Characteristics
TA = 25°C unless otherwise noted

Symbol	Parameter	Test Conditions	Min	Max	Units
OFF CHARACTERISTICS					
$V_{(BR)CEO}$	Collector-Emitter Breakdown Voltage	I_C = 10 mA, I_B = 0	40		V
$V_{(BR)CBO}$	Collector-Base Breakdown Voltage	I_C = 10 µA, I_E = 0	60		V
$V_{(BR)EBO}$	Emitter-Base Breakdown Voltage	I_E = 10 µA, I_C = 0	6.0		V
I_{BL}	Base Cutoff Current	V_{CE} = 30 V, V_{EB} = 0		50	nA
I_{CEX}	Collector Cutoff Current	V_{CE} = 30 V, V_{EB} = 0		50	nA
ON CHARACTERISTICS*					
h_{FE}	DC Current Gain	I_C = 0.1 mA, V_{CE} = 1.0 V	40		
		I_C = 1.0 mA, V_{CE} = 1.0 V	70		
		I_C = 10 mA, V_{CE} = 1.0 V	100	300	
		I_C = 50 mA, V_{CE} = 1.0 V	60		
		I_C = 100 mA, V_{CE} = 1.0 V	30		
$V_{CE(sat)}$	Collector-Emitter Saturation Voltage	I_C = 10 mA, I_B = 1.0 mA		0.2	V
		I_C = 50 mA, I_B = 5.0 mA		0.3	V
$V_{BE(sat)}$	Base-Emitter Saturation Voltage	I_C = 10 mA, I_B = 1.0 mA	0.65	0.85	V
		I_C = 50 mA, I_B = 5.0 mA		0.95	V
SMALL SIGNAL CHARACTERISTICS					
f_T	Current Gain - Bandwidth Product	I_C = 10 mA, V_{CE} = 20 V, f = 100 MHz	300		MHz
C_{obo}	Output Capacitance	V_{CB} = 5.0 V, I_E = 0, f = 1.0 MHz		4.0	pF
C_{ibo}	Input Capacitance	V_{EB} = 0.5 V, I_C = 0, f = 1.0 MHz		8.0	pF
NF	Noise Figure (except MMPQ3904)	I_C = 100 µA, V_{CE} = 5.0 V, R_S =1.0kΩ, f=10 Hz to 15.7 kHz		5.0	dB
SWITCHING CHARACTERISTICS (except MMPQ3904)					
t_d	Delay Time	V_{CC} = 3.0 V, V_{BE} = 0.5 V,		35	ns
t_r	Rise Time	I_C = 10 mA, I_{B1} = 1.0 mA		35	ns
t_s	Storage Time	V_{CC} = 3.0 V, I_C = 10mA		200	ns
t_f	Fall Time	I_{B1} = I_{B2} = 1.0 mA		50	ns

*Pulse Test: Pulse Width ≤ 300 µs, Duty Cycle ≤ 2.0%

Spice Model

NPN (Is=6.734f Xti=3 Eg=1.11 Vaf=74.03 Bf=416.4 Ne=1.259 Ise=6.734 Ikf=66.78m Xtb=1.5 Br=.7371 Nc=2
Isc=0 Ikr=0 Rc=1 Cjc=3.638p Mjc=.3085 Vjc=.75 Fc=.5 Cje=4.493p Mje=.2593 Vje=.75 Tr=239.5n Tf=301.2p
Itf=.4 Vtf=4 Xtf=2 Rb=10)

2N3904 / MMBT3904 / MMPQ3904 / PZT3904

NPN General Purpose Amplifier
(continued)

Thermal Characteristics   TA = 25°C unless otherwise noted

Symbol	Characteristic	Max		Units
		2N3904	***PZT3904**	
P$_D$	Total Device Dissipation	625	1,000	mW
	Derate above 25°C	5.0	8.0	mW/°C
R$_{\theta JC}$	Thermal Resistance, Junction to Case	83.3		°C/W
R$_{\theta JA}$	Thermal Resistance, Junction to Ambient	200	125	°C/W

Symbol	Characteristic	Max		Units
		**MMBT3904	**MMPQ3904**	
P$_D$	Total Device Dissipation	350	1,000	mW
	Derate above 25°C	2.8	8.0	mW/°C
R$_{\theta JA}$	Thermal Resistance, Junction to Ambient	357		°C/W
	Effective 4 Die		125	°C/W
	Each Die		240	°C/W

*Device mounted on FR-4 PCB 36 mm X 18 mm X 1.5 mm; mounting pad for the collector lead min. 6 cm^2.

**Device mounted on FR-4 PCB 1.6" X 1.6" X 0.06."

Typical Characteristics

Typical Pulsed Current Gain vs Collector Current

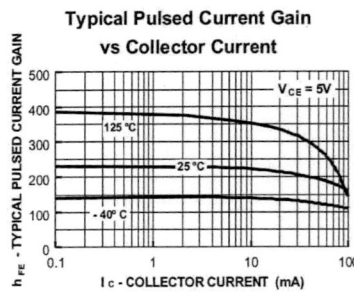

Collector-Emitter Saturation Voltage vs Collector Current

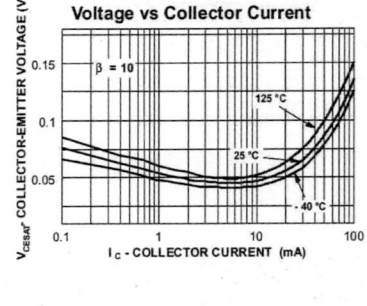

Base-Emitter Saturation Voltage vs Collector Current

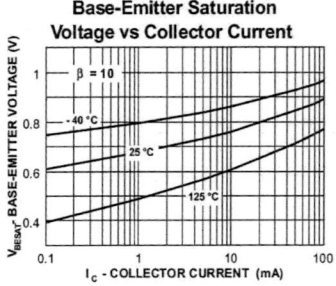

Base-Emitter ON Voltage vs Collector Current

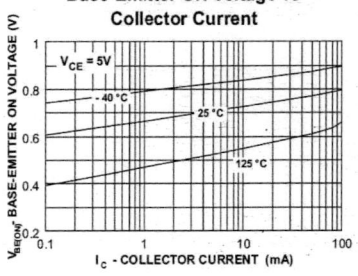

2N3904 / MMBT3904 / MMPQ3904 / PZT3904

NPN General Purpose Amplifier
(continued)

Typical Characteristics (continued)

**Collector-Cutoff Current
vs Ambient Temperature**

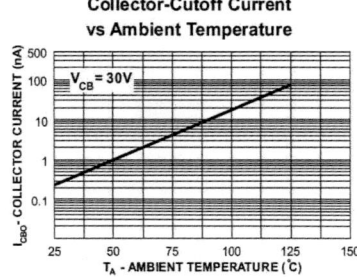

**POWER DISSIPATION vs
AMBIENT TEMPERATURE**

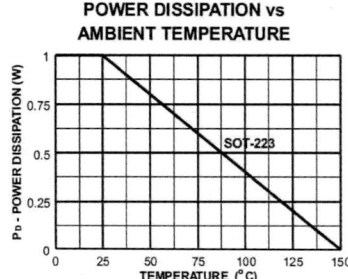

Test Circuits

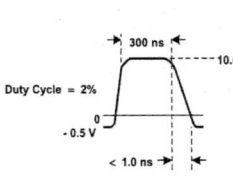

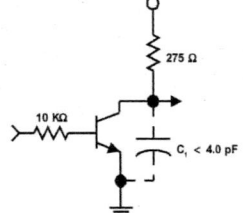

FIGURE 1: Delay and Rise Time Equivalent Test Circuit

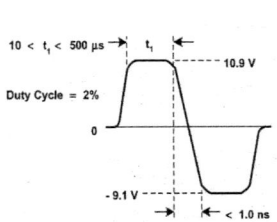

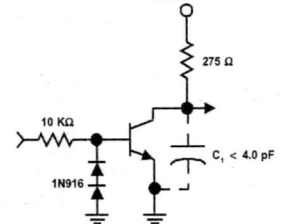

FIGURE 2: Storage and Fall Time Equivalent Test Circuit

UA741

GENERAL PURPOSE
SINGLE OPERATIONAL AMPLIFIER

- ■ LARGE INPUT VOLTAGE RANGE
- ■ NO LATCH-UP
- ■ HIGH GAIN
- ■ SHORT-CIRCUIT PROTECTION
- ■ NO FREQUENCY COMPENSATION
- ■ REQUIRED
- ■ SAME PIN CONFIGURATION AS THE UA709

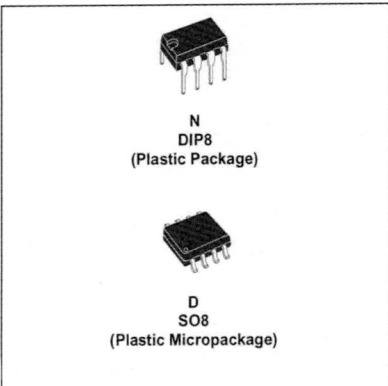

N
DIP8
(Plastic Package)

D
SO8
(Plastic Micropackage)

DESCRIPTION

The UA741 is a high performance monolithic oper-
ational amplifier constructed on a single silicon
chip. It is intented for a wide range of analog appli-
cations.

- ■ Summing amplifier
- ■ Voltage follower
- ■ Integrator
- ■ Active filter
- ■ Function generator

The high gain and wide range of operating voltag-
es provide superior performances in integrator,
summing amplifier and general feedback applica-
tions. The internal compensation network (6dB/
octave) insures stability in closed loop circuits.

ORDER CODE

Part Number	Temperature Range	Package	
		N	D
UA741C	0°C, +70°C	•	•
UA741I	-40°C, +105°C	•	•
UA741M	-55°C, +125°C	•	•
Example : UA741CN			

N = Dual in Line Package (DIP)
D = Small Outline Package (SO) - also available in Tape & Reel (DT)

PIN CONNECTIONS (top view)

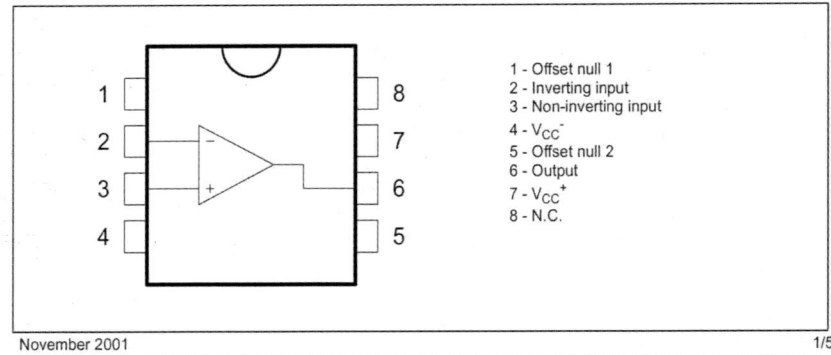

1 - Offset null 1
2 - Inverting input
3 - Non-inverting input
4 - V_{CC}^-
5 - Offset null 2
6 - Output
7 - V_{CC}^+
8 - N.C.

UA741

SCHEMATIC DIAGRAM

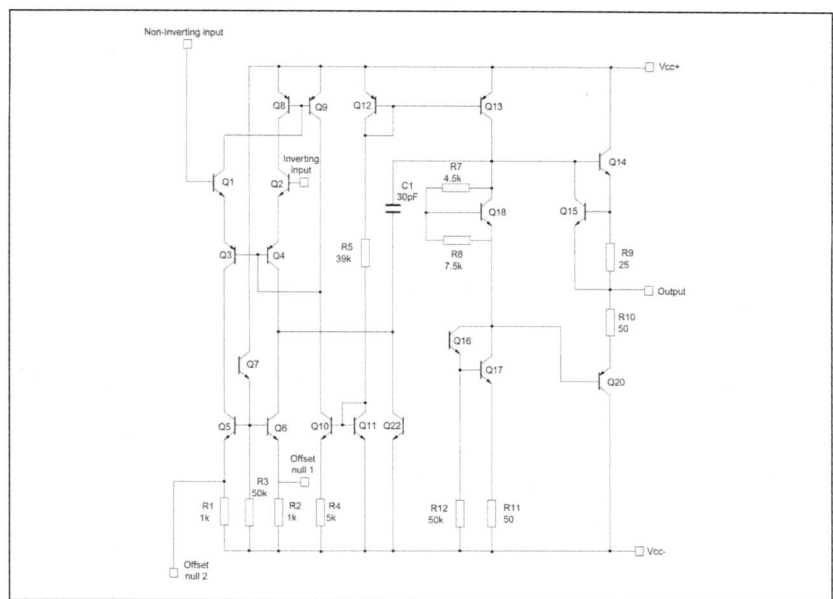

ABSOLUTE MAXIMUM RATINGS

Symbol	Parameter	UA741M	UA741I	UA741C	Unit
V_{CC}	Supply voltage	±22			V
V_{id}	Differential Input Voltage	±30			V
V_i	Input Voltage	±15			V
P_{tot}	Power Dissipation [1]	500			mW
	Output Short-circuit Duration	Infinite			
T_{oper}	Operating Free-air Temperature Range	-55 to +125	-40 to +105	0 to +70	°C
T_{stg}	Storage Temperature Range	-65 to +150			°C

1.   Power dissipation must be considered to ensure maximum junction temperature (Tj) is not exceeded.

ELECTRICAL CHARACTERISTICS

$V_{CC} = \pm 15V$, $T_{amb} = +25°C$ (unless otherwise specified)

Symbol	Parameter	Min.	Typ.	Max.	Unit
V_{io}	Input Offset Voltage ($R_s \leq 10k\Omega$) $T_{amb} = +25°C$ $T_{min} \leq T_{amb} \leq T_{max}$		1	5 6	mV
I_{io}	Input Offset Current $T_{amb} = +25°C$ $T_{min} \leq T_{amb} \leq T_{max}$		2	30 70	nA
I_{ib}	Input Bias Current $T_{amb} = +25°C$ $T_{min} \leq T_{amb} \leq T_{max}$		10	100 200	nA
A_{vd}	Large Signal Voltage Gain ($V_o = \pm 10V$, $R_L = 2k\Omega$) $T_{amb} = +25°C$ $T_{min} \leq T_{amb} \leq T_{max}$	50 25	200		V/mV
SVR	Supply Voltage Rejection Ratio ($R_s \leq 10k\Omega$) $T_{amb} = +25°C$ $T_{min} \leq T_{amb} \leq T_{max}$	77 77	90		dB
I_{CC}	Supply Current, no load $T_{amb} = +25°C$ $T_{min} \leq T_{amb} \leq T_{max}$		1.7	2.8 3.3	mA
V_{icm}	Input Common Mode Voltage Range $T_{amb} = +25°C$ $T_{min} \leq T_{amb} \leq T_{max}$	± 12 ± 12			V
CMR	Common Mode Rejection Ratio ($R_S \leq 10k\Omega$) $T_{amb} = +25°C$ $T_{min} \leq T_{amb} \leq T_{max}$	70 70	90		dB
I_{OS}	Output short Circuit Current	10	25	40	mA

$\pm V_{opp}$	Output Voltage Swing
	$T_{amb} = +25°C$ $R_L = 10k\Omega$
	           $R_L = 2k\Omega$
	$T_{min} \leq T_{amb} \leq T_{max}$ $R_L = 10k\Omega$
	           $R_L = 2k\Omega$
		12
		10
		12
		10
			14
			13
					V

SR	Slew Rate $V_i = \pm 10V$, $R_L = 2k\Omega$, $C_L = 100pF$, unity Gain	0.25	0.5		V/μs
t_r	Rise Time $V_i = \pm 20mV$, $R_L = 2k\Omega$, $C_L = 100pF$, unity Gain		0.3		μs
K_{ov}	Overshoot $V_i = 20mV$, $R_L = 2k\Omega$, $C_L = 100pF$, unity Gain		5		%
R_i	Input Resistance	0.3	2		MΩ
GBP	Gain Bandwith Product $V_i = 10mV$, $R_L = 2k\Omega$, $C_L = 100pF$, f =100kHz	0.7	1		MHz
THD	Total Harmonic Distortion f = 1kHz, $A_v = 20dB$, $R_L = 2k\Omega$, $V_o = 2V_{pp}$, $C_L = 100pF$, $T_{amb} = +25°C$		0.06		%
e_n	Equivalent Input Noise Voltage f = 1kHz, $R_s = 100\Omega$		23		$\frac{nV}{\sqrt{Hz}}$
$\varnothing m$	Phase Margin		50		Degrees

ST

UA741

PACKAGE MECHANICAL DATA
8 PINS - PLASTIC DIP

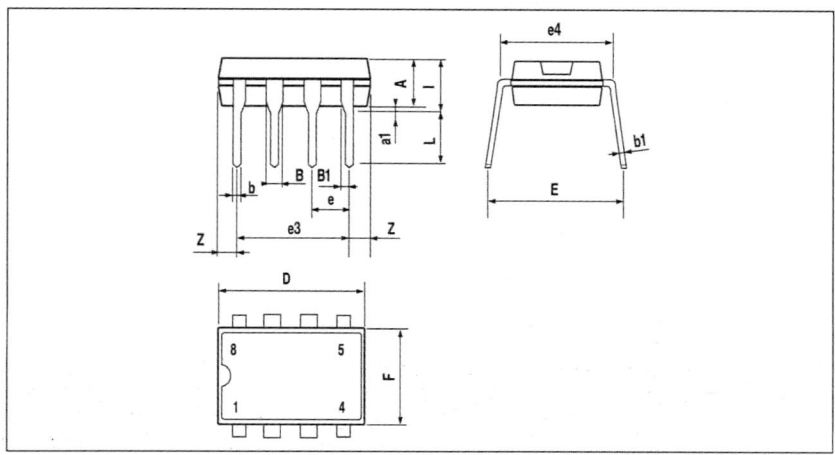

Dim.	Millimeters			Inches		
	Min.	Typ.	Max.	Min.	Typ.	Max.
A		3.32			0.131	
a1	0.51			0.020		
B	1.15		1.65	0.045		0.065
b	0.356		0.55	0.014		0.022
b1	0.204		0.304	0.008		0.012
D			10.92			0.430
E	7.95		9.75	0.313		0.384
e		2.54			0.100	
e3		7.62			0.300	
e4		7.62			0.300	
F			6.6			0260
i			5.08			0.200
L	3.18		3.81	0.125		0.150
Z			1.52			0.060

PACKAGE MECHANICAL DATA
8 PINS - PLASTIC MICROPACKAGE (SO)

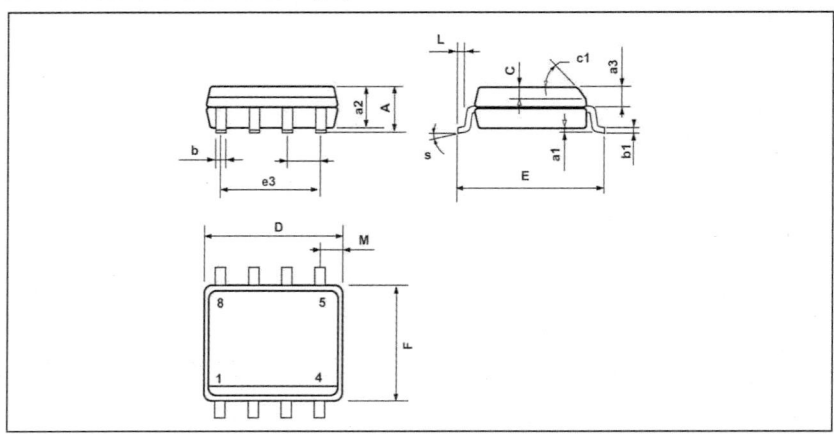

Dim.	Millimeters			Inches		
	Min.	Typ.	Max.	Min.	Typ.	Max.
A			1.75			0.069
a1	0.1		0.25	0.004		0.010
a2			1.65			0.065
a3	0.65		0.85	0.026		0.033
b	0.35		0.48	0.014		0.019
b1	0.19		0.25	0.007		0.010
C	0.25		0.5	0.010		0.020
c1	45° (typ.)					
D	4.8		5.0	0.189		0.197
E	5.8		6.2	0.228		0.244
e		1.27			0.050	
e3		3.81			0.150	
F	3.8		4.0	0.150		0.157
L	0.4		1.27	0.016		0.050
M			0.6			0.024
S	8° (max.)					

· 저자 ·

현덕환   · 약 력 ·

경북대학교 전자공학과(B.S.)
경북대학교 대학원 전자공학과(M.S.)
Univ. of Rhode Island Dept. of Computer & Electrical Engineering

국방과학연구소 선임연구원
Tality, Member of Tech. Staff
현재: 경주대학교 컴퓨터 정보전자공학과 교수

기초전자실험

· 초판 인쇄	2008년 5월 1일
· 초판 발행	2008년 5월 1일
· 지 은 이	현덕환
· 펴 낸 이	채종준
· 펴 낸 곳	한국학술정보㈜
	경기도 파주시 교하읍 문발리 513-5
	파주출판문화정보산업단지
	전화 031) 908-3181(대표) · 팩스 031) 908-3189
	홈페이지 http://www.kstudy.com
	e-mail(출판사업부) publish@kstudy.com
· 등 록	제일산-115호(2000. 6. 19)
· 가 격	21,000원

ISBN   978-89-534-7837-4 93560 (Paper Book)
        978-89-534-7838-1 98560 (e-Book)